巧夺天工

中国建筑的魅力

中国传统园林建筑

李 敏 著

前　言

人类的生存与发展活动，离不开自然与人工环境。游乐和休息是人类恢复精神和体力所不可缺少的需求。因此，几千年来人类一直设法利用自然环境，运用水、土、石、植物、动物和建筑物等素材来构筑理想的人居环境。其中，风景园林既是人类出于对大自然的向往而创造的富有自然趣味的游憩生活环境，也是一种获得审美艺术享受的诗意空间。

从古到今，人类对眼前的世界总感到不大满足，进而向往一个更为理想的地方。这个地方，最

扬州瘦西湖莲花桥

为完美的，就升华成宗教里所描述的"天堂"。世界三大宗教中所描绘的"天堂"景观都和风景园林有密切的联系。按照基督教《圣经》的说法，人类的祖先亚当和夏娃在下凡人间之前是住在上帝的"伊甸园"里。园中有"各样的树从地里长出来，可以悦人的眼目，其上的果子好作食物。园子当中又有生命树和分别善恶的树"。据伊斯兰教的《古兰经》，真主所许给众敬慎者的天园情形是："诸河流于其中，果实常时不断；它的阴影也是这样"。再看看佛教的理想：南朝学者沈约在《阿弥陀佛铭》里描绘净土宗"极乐世界"的景观是："于惟净土，即丽且庄，琪路异色，林沼混湟，……玲珑宝树，因风发响，愿游彼国，晨翘暮想"。所有这些引诱人修身养性，争取到里面去过逍遥日子的天堂，正是一所园林。

从语言学上看，英语里的"天堂"一词paradise，来自古希腊文的单词paradeisos；而这个词又来自古波斯文pairidaeza，意思就是"豪华的花园"。在中国，从汉朝到清朝，整整两千多年的时间里，皇家园林的营造大都要仿照"蓬瀛三岛"

的山水形制，因为那就是传说中神仙居住的、长满了长生不老之药的地方。中国古代神话中把西王母居住的"瑶池"和黄帝所居的"悬圃"都描绘成景色优美的花园。所以，在全世界，风景园林就是营造在地球上的"人间天堂"，是人类最为向往的理想生活空间。

纵观古今中外的风景园林，建筑均为基本的营造要素，是人与自然情感交流、相互沟通并获得园居乐趣的重要审美空间。这些结合在山水景象之中的园林建筑，其创作原型大部分来源于民间建筑的抽象提炼和造型美化。例如，园林中常用的亭、轩、榭、廊桥等建筑，就是以村野路亭、渡亭、风雨桥等为原型再创作的。石板折桥的原型是民间的纤桥栈道，叠落云墙的原型为山地民居的风火墙垣等。园林中经过艺术加工而典型化的竹篱柴扉、洞门漏窗、汀步石梁、拼花铺地等建构筑物形式，也无不脱胎于现实生活，给人以充满情趣、亲切自然的美感享受。尤其是在中国两千多年有据可考的园林营造历史进程中，园林建筑已成为中国传统自然山水园营造艺术实现其游赏功能的必要设施。正确

苏州拙政园充满诗意的"与谁同坐轩"

苏州拙政园的小桥流水空间

赣南深山中的客家廊桥（江西龙南太平桥）

了解并恰当欣赏中国传统园林建筑的历史之美、形象之美和意境之美，对于弘扬中国传统文化、增强民族自信心和培养提升我国中青年一代风景园林专业工作者的传承创新能力，都是非常有意义的。

中国传统园林建筑源远流长，其艺术魅力和遗产价值历经千百年而经久不衰，反映了中华民族先进的自然观、审美观和哲学思想。中国先秦时期的哲学家管仲曾有一句名言："人与天调，然后天下之美生"（《管子·五行》），道出了中国传统文化所推崇的"天人合一"理想境界之真谛。亲近自然，融合生活，彰显文化，因地制宜，这就是两千多年来中国园林建筑艺术所遵循的发展规律。

2014年底，中国建筑工业出版社邀我参与已列入国家"十二五"规划的"中国建筑的魅力"系列图书编写工作，负责"中国传统园林建筑"分册。虽然有时间紧、任务重、出版要求高等诸多困难因素，但我还是欣然受命，千方百计抽空写作，并做了些野外补充调研。经过一年的努力，书稿得以完成，我感到十分欣慰。其中，有中国建筑工业出版社张振光先生和兰丽婷编辑等业界同仁的鼎力相助，也有硕士研究生袁霖和博士研究生肖希等积极参与的劳动成果。谨此，我向为本书写作与出版作出贡献的相关人士和机构表示衷心感谢！

愿本书的出版能为中国传统园林建筑的保护传承和国际化传播作出一点贡献。

2015年11月8日
于广州华南御景园

目　录

前　言

第一章
中国传统园林建筑研究概况

3　第一节　术语概念
5　第二节　园林形式
11　第三节　相关论著

第二章
中国传统园林建筑发展简史

17　第一节　商周至秦汉
21　第二节　两晋至隋唐
25　第三节　宋元至明清

第三章
中国传统园林建筑营造艺术

39　第一节　基本特色

41　第二节　建筑形式

　　42　一、亭
　　54　二、廊
　　63　三、台
　　67　四、榭
　　74　五、厅
　　78　六、堂
　　85　七、轩
　　91　八、馆
　　96　九、楼
　　104　十、阁
　　114　十一、斋
　　118　十二、室
　　122　十三、桥
　　128　十四、舫
　　134　十五、塔
　　144　十六、墙
　　150　十七、园路
　　156　十八、小品

168　第三节　诗画意境

第四章
中国传统园林建筑传承发展

179　第一节　风格延续
194　第二节　工艺创新
202　第三节　海外传播

第一章
中国传统园林建筑研究概况

第一节　术语概念

第二节　园林形式

第三节　相关论著

第一节　术语概念

关于"园林建筑"的概念内涵，学术界有广义和狭义之分。广义的"园林建筑"与"园林建造"或"园林营造"为同义词，泛指人类创作的自然景色优美、游憩与审美相结合的建筑环境，常概称为"风景园林"（landscape architecture）。狭义的园林建筑定义为园林中供人游览、观赏、休憩并构成景观的建筑物或构筑物的统称，其英文译名多为landscape buildings或garden buildings。然而，在中国传统文化里的园林建筑概念并不局限于"园林中的建筑"，它要求园林中的建筑物和构筑物能提供"可行、可望、可游、可居"的理想人居空间环境，包含了许多不同于一般屋宇建筑物的特征。因此，其对应的英译名宜为"landscape buildings & construction"。本书的研究对象，正是狭义的中国传统园林建筑。

清华大学周维权教授曾在其名作《中国古典园林史》中指出：中国古典园林是指世界园林发展第二阶段上的中国园林体系而言。它由中国的农耕经济、集权政治、封建文化培育成长。比起同一阶段上的其他园林体系，历史最久、持续时间最长、分布范围最广，这是一个博大精深而又源远流长的风景园林体系。

狭义上的中国古典园林的持续时间大约从公元前11世纪的奴隶社会末期直到19世纪末叶封建社会解体为止。其间，经过历代匠师的创造和发展，中国古典园林达到了极其高超的艺术成就，形成了独特的民族形式和艺术风格，成为中国传统文化的重要组成部分。广义上的中国古典园林

明代画家仇英笔下的《园林胜景图》

则包括建于现代但具有古代园林风格的园林。

国家行业标准《园林基本术语标准》（CJJ／T91-2002）中对古典园林（classical garden）的定义为：古代园林和具有典型古代园林风格的园林作品的统称。具体解释为：包括中国古典园林和西方古典园林。严格来讲，古典园林不完全等同于古代园林，它既可以是建于古代的园林，也可以是建于现代而具有古代园林风格的艺术作品。因此，古典园林也有学者称作"传统园林"。本书所论的"中国传统园林建筑"，主要是在中国古代建造的园林建、构筑物，也包括建于现代但具有中国传统园林艺术风格，在园林中供人游赏、休憩并构成优美景观的建筑物和构筑物。

浙江绍兴兰亭

第二节　园林形式

中国传统园林建筑所依存的园林实体主要包括四大类型：皇家园林、私家园林、寺庙园林和风景名胜。

中国古代皇家园林，又称"苑囿"或"宫苑"，一般是指由帝王主导营造，供帝王家族居住、游乐之用的园林。由于帝王可以运用至高无上的权力、集中天下财富和人力物力为其造园，因此皇家园林的营造历史之悠久、规模之宏大、工艺之精湛，在中国传统园林中堪称首位。现存的著名实例，有如北京圆明园、颐和园和承德避暑山庄等。

承德避暑山庄

北京颐和园

苏州拙政园

中国古代与辉煌壮丽的皇家苑囿相伴生的私家园林，在汉代已开始萌生和发展。据史书载，西汉时的董仲舒"下帷读书，三年不窥园"，可见当时士大夫阶层中许多人已有宅园。魏晋之后，寄情山水，雅好自然，逐渐成为社会时尚。身居庙堂的官僚士大夫们不满足于一时的游山玩水而纷纷造园，有权势的庄园主竞相效尤，私家园林应运兴盛，民间造园成风、名士爱园成癖。唐代的诗人画家，对于祖国山河的自然风物多有吟咏和描绘，将诗画的实践经验用于园林营造，大大

拉萨罗布林卡

提高了私家园林的艺术水平和审美趣味。宋代以后，江南私家园林继承汉唐遗风又有很大发展。其中，苏州宅园荟萃了江南园林的艺术精华，成为明清文人山水园的典型代表。明朝嘉靖至清朝乾隆年间，私家园林发展更是达到中国古代鼎盛时期，民间造园之风盛行。

中国古代的寺庙园林，一般是指民间主流宗教（佛教、道教等）崇拜场所的附属园林，也包括带有神话色彩的特殊历史名人（如黄帝、大禹、孔子等）纪念性祠堂的花园。在中国，祠堂也称为"家庙"，专为德高望重的长者所设，旨在延续祖宗香火和弘扬传统文化。多数祠堂的住宅部分，后来都成为瞻仰、祭祀、缅怀先人的名胜之地供公众游览。中国传统的寺庙园林，常与佛寺道观的庭院相结合而成为园林化的寺庙，或毗邻于寺观大院而单独建置，犹如宅园之于住宅。南北朝时期中国的佛教徒盛行"舍宅为寺"之风，贵族官僚们把自己的住宅捐献出来作为佛寺。主人将原来的居住部分改造成为供奉佛像的殿宇，宅园部分则原样保留为寺院的附属园林。此类寺庙园林与宅园在内容和规模上都很接近，只是欣赏趣味上有所不同。由于寺庙本身是人们"出世"的生活场所，其园林风格一般要求更加淡雅自然。还有相当一部分的寺庙建筑地处山林名胜，其环境本身就是可资观赏的绝美景观。这类寺庙的庭院空间和建筑处理也多使用园林手法，使整个寺庙建筑及其山水环境形成优美的园林。

风景名胜是中国传统园林中的一种特殊类型。它一般位于城郊的山水形胜、风光秀丽之地，面积较为广阔，多有寺庙或名胜古迹，适当装点

杭州灵隐寺大雄宝殿前庭

杭州西湖苏堤

惠州西湖

福州西湖

扬州瘦西湖五亭桥　　　　　　　　　　　　　　广东雷州三元塔

园林景致，成为市井百姓可达的公共性自然游憩地。在古代，风景名胜地是城镇居民亲近自然、愉悦身心的主要游憩活动空间。自古流传的一些传统民俗，如"三月三踏青"、"九月九登高"、"端午龙舟竞渡"、"中秋赏月夜游"等活动，大多是在当时的城郊风景名胜地进行的，如唐代长安城东南隅的曲江池，清代北京的西山、什刹海等。发展至今，有许多原先位于城郊的风景名胜已演变为城市公园。中国古代风景名胜区是自然美与人文美的结晶，风景园林因蕴含文化而博大传神。中国著名的风景名胜往往都与重要历史人物或文化遗产关系密切，相映生辉。

山东泰安泰山登道-

第三节　相关论著

园林建筑是中国传统园林营造的重要组成部分。我国古代有关园林和园林建筑营造技艺的文献，明清以前的主要散见于相关的园记、游记、正史、地方志、小说、笔记以及有感而发的诗文绘画中。记述苑囿较完整的文献有《三辅黄图》，此书对秦汉宫殿苑囿有详细的记载。北魏杨衒之的《洛阳伽蓝记》对北魏洛阳寺庙盛况记述中涉及许多园林史料，对帝王苑囿的情况以及东汉以后在洛阳的造园活动，均有记述。此外，《东京梦华录》对当年北宋都城汴梁之宫殿苑囿与私家园林均有描述。

明清以后，在广泛实践的基础上，一些造园大师改变了过去多从文学角度描绘园林景致的传统方法，集中精力探索园林营造的艺术规律，出现了一批专门研究园林营造技艺的著作。虽然历史上涉及园林和园林建筑的文字记载不少，但流传下来有关园林建筑的论著仅寥寥数篇。

明代计成所著的《园冶》，是总结中国古代造园技艺的巅峰之作，于明朝崇祯四年（1631年）成稿，崇祯七年（1634年）刊行。《园冶》全面论述了私家园林的营造原理和技艺手法，总结了民间匠师的造园经验，反映了中国古代园林艺术的

无锡太湖春色

无锡太湖鼋头渚长春花漪水榭

成就。全书共三卷，附图 235 幅，含"兴造论"和"园说"两篇，"园说"又分相地、立基、屋宇、装折、门窗、墙垣、铺地、掇山、选石、借景共10 节，文笔生动，优美流畅。计成指出：兴建园林要始终贯穿"巧于因借，精在体宜"的指导思想，达到"虽由人作，宛自天开"的艺术境界，精炼地表述了中国传统园林的艺术精髓。

明末清初文震亨所著《长物志》，其中第一卷中的"室庐"是对园林建筑营造技艺的总结，提倡园林建筑应追求古朴大雅的风格。清代文人李斗所著的《扬州画舫录》共十八卷，记载了扬州的园亭奇观、风土人物，其中对园林建筑也有精辟论述。作者提出园林建筑在园林中可根据地形、空间、功能等自由设计，如同掇山一样做到"法无定式"，体现出园林建筑营造的极大灵活性。

清朝时期涌现了一批重要的造园专著，如陈淏子的《花镜》记述造园花木之道；李渔的《闲情偶寄》对造园作随笔性议论；沈复的《浮生六记》、钱咏的《履园丛话》等书，笔记内容有如断锦孤云，对园林建筑和造园艺术发表了许多真知灼见。

中国古典文学小说中描写园林而资借鉴者有《金瓶梅》、《西厢记》、《红楼梦》等，作者对当时优秀的园林建筑布局与景观游赏活动有生动具体的描述。此外，中国传统山水绘画理论与园林营造直接相关，可以直接借鉴用于园林建筑的创作理法。此类画论专著以南朝宗炳的《画山水序》、刘勰的《文心雕龙》和北宋郭

苏州虎丘冷香阁

熙的《林泉高致》等为代表。

中国历史进入近现代后，由于学术界的努力，在中国传统园林和园林建筑方面涌现了许多研究成果。如近代文献有中国营造学社朱启钤的《重刊园冶序》，阚铎的《园冶识语》，刘敦桢的《重修圆明园史料》，梁思成的《中国建筑史》，童寯的《江南园林志》和《造园史纲》，陈植的《造园学概论》、《造园学原论》、《园冶注释》、《长物志校释》及《中国历代名园记选注》等。现代的研究文献有汪菊渊的《中国古代园林史》，周维权的《中国古典园林史》，刘敦桢的《苏州古典园林》，陈从周的《扬州园林》，孟兆祯的《避暑山庄园林艺术》，潘谷西的《江南理景艺术》，杨鸿勋的《江南园林论》，天津大学建筑系编写的《承德古建筑》、《清代内庭宫苑》、《清代御苑撷英》，清华大学建筑系编写的《颐和园》、《圆明园研究》等专著。其中，《苏州古典园林》汇集了刘敦桢先生率领南京工学院建筑系师生对苏州现存传统园林所做的全面调查和建筑测绘资料，并从园林总体布局到叠山、理水、建筑、花木等方面作了

详细分析，总结了苏州园林的造园经验，具有极高的文献史料价值。孟兆祯院士的《避暑山庄园林艺术》，在对避暑山庄现状地形、残存基址、诗词记载等进行研究的基础上，对山庄多个景区做了原状研究，并在"因山构室，其趣恒佳"一章中对5处山地景观的园林建筑进行了复原设计。

现代研究中，从空间设计和美学角度对中国传统园林建筑进行论述的有彭一刚的《中国古典园林分析》、金学智的《中国园林美学》、冯钟平的《中国园林建筑》及李敏的《华夏园林意匠》等专著。中国科学院自然科学史研究所主编、科学出版社出版的《中国古代建筑技术史》，其中的园林建筑技术章节全由精通施工现场的研究者执笔，成为一大特色。刘策编著的《中国古代苑囿》，由苑囿历史概说以及北京紫禁城御花园、颐和园、圆明园等"三山五园"和承德避暑山庄等实例解说构成。陈从周的《说园》、《园林谈丛》以优美的文笔和独到的见解叙述了中国传统造园、品园、游园、修园的哲理。

厦门集美学村观景亭廊

近年来出版的相关著作还有王其钧的《解读中国传统建筑：中国园林》，天津大学建筑系的《中国古典园林建筑图录——北方园林》以及徐建融著、庄根生绘的《图说中国古典建筑——园林府邸》，程里尧著的《皇家园林建筑（英文版）》，李敏著的《华夏园林意匠》《中国古典园林30讲》，郭成源、李兴锋主编的《中国古建园林大全》等。

国外有关中国传统园林建筑的研究以日本为多。如日本古代的造园专著《作庭记》，冈大路著的《中国宫苑园林史考》，佐藤昌著的《圆明园》《中国造园史》等。

福州三坊七巷林聪彝宅园

台北板桥花园来青阁

第二章
中国传统园林建筑发展简史

第一节　商周至秦汉

第二节　两晋至隋唐

第三节　宋元至明清

第一节 商周至秦汉

中国是一个具有五千年悠久历史的文明古国。中国传统园林作为华夏传统文化的瑰宝之一，造园历史源远流长，艺术成就誉满全球。

中国的造园活动大约是从三千多年前的商殷时期（公元前1600~前1046年）开始的。最初的形式是"囿"。所谓"囿"，即供帝王贵族进行狩猎、游乐的一种园林形式。它通常是选定地域划出范围，或构筑界垣，让草木鸟兽在其中自然滋生繁育，并筑台掘池，供帝王贵族狩猎游乐。史籍《说文》云："囿，养禽兽也。"《周礼·地官》曰："囿人……掌囿游之兽禁，牧百兽"。据《诗经》和《史记》载，周文王曾营造了灵台、灵沼、灵囿。

据文献考证，早在公元前10世纪，周文王想要修建一处供自己游乐的场所，选择在距离国都镐京（今陕西省西安市长安区以西约20公里处）不远的地方，驱使大批奴隶夯筑成一座高大的土台，旁边挖出一个宽阔的水池，池中蓄养各种游鱼，称之为"灵台"和"灵沼"。周文王还在附近圈占了一片方圆70里的山林，让天然草木与鸟兽在其中滋生繁育，称作"灵囿"。登临高大的灵台，可以远眺近览周围美丽的风景；漫步灵沼岸边，可以欣赏水中欢快的游鱼和各种水生植物；策马驰骋在灵囿里，可以观鸟兽、猎雉兔，一派朴素自然、生趣盎然的园林游憩生活景象。

《诗经·大雅·灵台》曰："经始灵台，经之营之，庶民攻之，不日成之。经始勿亟，庶民子来。王在灵囿，麀鹿攸伏。麀鹿濯濯，白鸟翯翯。王在灵沼，于牣鱼跃"。据"四书"《孟子》载："文王之囿，方七十里，刍荛者往焉，雉兔者往焉，与民同之。"可见，周文王营造灵台、灵沼、灵囿，主要是为了在其中游憩狩猎，赏心娱情。在他不去的时候，也允许樵人、猎人前去打柴草、猎雉兔，但要与之共享所获之物。后人称其"与民同之"，实为"与民同其利也"。

灵台、灵沼和灵囿在中国园林发展史上占有重要的地位。它不仅是古籍中所记载的中国最早的园林，也是中国自然山水园艺术形式的先驱。灵台，象征着高山；灵沼，象征着大海；灵囿则象征着滋养万物生长的辽阔土地。帝王游乐其中，能得到精神上的一种崇高享受，即所谓"普天之下，莫非王土"，与其自命天子的气度和审美观念相吻合。据史料记载，商殷末期和周朝时期，不仅帝王有囿，方国之侯也可以有囿，只不过是"天子百里，诸侯四十里"，规模有所不同。

春秋战国时期，各诸侯国对于宫室苑囿等园林建筑的经营，都达到了一个相当的水平。较著名的有如吴王夫差所修建的曲折漫延数里之长的姑苏台、春霄宫、天池以及梧桐园、鹿园等。据《述异记》载："吴王夫差筑姑苏台，三年乃成，周旋诘曲，横亘五里，崇饰土木，殚耗人力，宫妓千人，上立春霄宫作长夜之饮"。"夫差作天池，于池中泛青龙舟，舟中盛陈妓乐，日与西施为水嬉"。"吴王于宫中作海灵馆、馆娃阁，铜钩玉槛，宫之楹槛珠玉饰之"。由此可以想见这些宫室苑囿的园林建筑是多么华丽！

秦汉时期，"囿"演变为"苑"，中国出现了

（元）李容瑾《汉苑图》

（南宋）赵伯驹《汉宫图》

历史上第一个造园高潮。秦始皇统一中国后，综合六国的造园经验，使大规模堆土筑台、设置宫室、修建离宫苑囿的做法得到进一步发展。秦始皇幻想长生不老，永享荣华富贵，方士们便搬出了神仙之说迎合其心理。方士们告诉他：只要使自己的行踪不定，神出鬼没于各个宫苑之间，来无影，去无踪，使凡人摸不清你的活动规律，就可以像神仙一样长生不老。求仙心切的秦始皇受方士之惑，在秦都咸阳大兴土木，修建了占地广袤的上林苑，其中有著名的传统宫室建筑群——阿房宫。尽管秦朝在这座宏大的建筑宫苑完全竣工之前就灭亡了，但它那追求生活于高低冥迷的神山仙境之中的造园思想，对后世的皇家园林创作产生了巨大的影响。

汉武帝在秦上林苑的故址上，继其规模，更加增广，范围达 400 余里，周围建围墙环绕。汉上林苑内建有离宫别馆 70 余所。据《汉书》记载，营建上林苑始意为狩猎："苑中养百兽，天子春秋射猎苑中，取兽无数"。这是自商周延续下来的皇家射猎游乐传统。然而，建成后的上林苑已不限于射猎之乐，还建有多种多样的传统园林建筑以供各种声色犬马的游乐活动。《关中记》载："上林苑门十二，中有苑三十六，宫十二，观三十五"，各具特色。例如，苑中有供游憩的宜春苑，供御人止宿的御宿苑，供招待宾客的思贤苑、博望苑，有演奏音乐和唱曲的宣曲宫，观看赛狗、赛马和观鱼鸟的犬台宫、走狗观、走马观、鱼鸟观，饲养和观赏大象、白鹿的观象观、白鹿观，引种西域葡萄的葡萄宫和培养南方奇花异木（菖蒲、山姜、桂花、龙眼、荔枝、槟榔、橄榄、柑橘等）的扶荔宫等。苑中还穿凿有许多池沼，池名见于载籍的有昆明池、麋池、牛首池、蒯池、积草池、镐池、祀池、东陂池、西陂池、当路池、大一池、郎池等。上林苑中不仅天然植被丰美，初修时群臣还从远方各献名果异树2000余种，花木茂盛葱茏。

上林苑中最重要的宫室建筑为建章宫，建于公元前104年。据《三辅黄图》载：建章宫"周围二十余里，千门万户，在未央宫西，长安城外"。在建筑造型上，汉代木结构园林建筑的屋顶已有庑殿、悬山、囤顶、攒尖和歇山五种基本形式。

汉代的造园家对水景处理已有相当熟练的技巧。在汉代宫苑中，人工开挖的大水面很多；凿池堆山，奠定了此后两千年中国古典园林中皇家园林营造的基本山水形制。园林中营造大面积的水体，主要是模拟幻想中所谓神仙起居出没的环境——浩渺冥迷的海中仙山与星光灿烂的天上河汉。例如，凿于建章宫北面的太液池，便以象征北海为主题，在池中布置了三个岛屿以表现蓬莱、方丈、瀛洲三座神山。汉上林苑周回四十里的昆明池中设置有"豫章台"，沧池中设置有"渐台"，都是取"蓬岛瑶台"的寓意。在昆明池的东、西两岸，还分别设置了牛郎、织女的雕像，池中有长达三丈（约7.5米）的鲸鱼石刻，寓意池水象征天河。在社会文化尚不发达的当时，这种方士们的理想境界，丰富与提高了园林的创作构思，促进了园林艺术的发展。

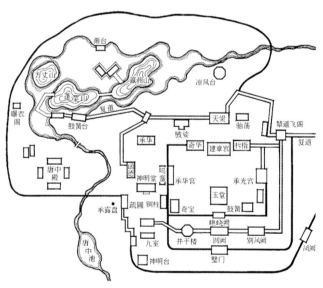

汉长安建章宫示意图

第二节　两晋至隋唐

汉代以后，中国社会经历了魏晋南北朝历时369年的社会动乱。尽管当时的社会经济遭到了很大破坏，但各朝帝王仍然大兴土木营造宫苑。此期，以山水为艺术表现主题的中国自然山水园形式迅速发展，园林营造形式由单纯地摹仿自然山水形象发展到对自然景象的概括、提炼及抽象化，同时突出园林空间的游赏功能，成为中国古代园林发展史上的一个转折阶段。

据史籍载，北朝时期著名的园林有北魏"华林园"、南朝"乐游苑"等。在这些园林中，造园家多以构石筑山表现"重岩复岭、深溪洞壑"的山景，达到了"有若自然"的艺术境界。由此可见当时的园林建筑营造和土木石作技术已达到了较高水平，初步形成了中国特有的造园艺术风格。

魏晋以后，中国传统园林进入发展盛期。在自然山水园的总体构架下，造园家力图将自然景物要素作为主要观赏对象，以山水地貌和植被为基础，营造园林建筑巧作装点，将建筑美与自然美相融合，使人在建筑中更好地体会自然之美，体现园林意境的诗情画意。西晋以后，逐渐盛行将天然风景优美之地稍加整理，装点建筑，布置形成自然式园林。

隋文帝杨坚开国之初，定都长安，筑新城称"大兴城"。杨坚勤俭行事，忧虑民生，苑囿营建的活动因此减少。此期见于史籍记载的宫室苑囿仅有两处，一为宫城之北的大兴苑，为唐代禁苑的前身；另一为京城东南隅的"芙蓉园"，即古时的曲江。《陕西通志》记载它为"青林重复，

缘城弥漫，盖帝城之胜境"。

隋炀帝杨广即位后，迁都洛阳。他追求享乐，开始穷奢极欲地大造宫室苑囿，开掘运河通到杭州，以便于他游幸江南。据《隋书》载："帝即位，首营洛阳显仁宫，发江岭奇材异石，又求海内嘉木异草，珍禽奇兽，以实苑囿"。在众多洛阳的宫苑中，以西苑最为宏伟并富有特色。隋炀帝还在各地建造了许多离宫别苑和大量的园林建筑。据史籍载，隋炀帝在江苏常熟一带曾置宫苑，周围十二里，有离宫十六所，凉殿四所，环以清流，作曲水流觞之乐。在扬州曾建江都宫，宫中有迷楼一座，千门万牖，工巧之极，自古未有。

唐代初期的贞观、永徽之年，励精图治，使国力日渐富强，宫苑建筑也日有兴建。唐代宫苑比汉代宫苑更加壮丽辉煌。唐朝诗人骆宾王在《帝王篇》中曾写道："山河千里国，城阙九重门，不睹皇居壮，安知天子尊。"

唐代是中国传统园林建筑营造技艺取得大发展的时期。

当时在长安建造的主要皇家宫苑有：西内太极宫、东内大明宫、南内兴庆宫和"大内三苑"（西内苑、东内苑和禁苑）。其中，以大明宫的规模最为宏伟，占地约340公顷。宫苑内不仅有崇台上雄伟的含元殿，还有独踞宫苑北部太液池（又名"蓬莱池"）中的蓬莱山（岛）。池周建回廊400多间，景色蔚为壮观。

秦汉时期，长安城的东南隅建有园林，称"宜春苑"、"乐游苑"。隋朝时辟大池名"芙蓉池"，

取苑名曰"芙蓉园"。唐朝时又大行疏凿,将隋"芙蓉池"辟为"曲江池",占地二坊,环池建有台榭宫室等园林建筑,如紫云楼、彩霞亭等。芙蓉园里青林重叠,池水澄清,两岸宫殿延绵,楼阁起伏,景色十分优美。苑中芙蓉(即荷花)盛开时,为都中第一胜景。诗人杜甫曾写了不少描写曲江芙蓉园景致的诗句。其内苑部分,为皇帝专用小园;外苑部分是皇帝赐宴大臣与及第进士曲江宴之处,也是文人学士流觞作乐宴集之处。每当中和(二月初一)、上巳(三月初三)、重阳(九月初九)等节日,长安的公侯贵戚、庶民百姓,倾城而至园中游玩,唐玄宗有时也亲往游赏,芙蓉园逐渐成为公共游乐胜地。唐朝皇室在离长安不远处的临潼温泉还建有华清宫,专供皇帝携爱妃沐浴享用。

此外,唐朝大诗人王维自建"辋川别业",位于长安东南郊山区中(今陕西蓝田县)。这座别墅庄园式的自然园林,利用极少的人工建筑组织风景形胜20余处,堪称中国自然式造园的艺术典范。

王维辋川别业图景

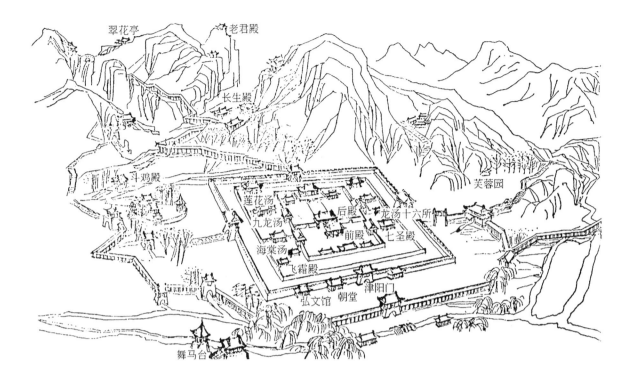

唐长安华清宫示意图

图中标注：翠花亭　老君殿　长生殿　斗鸡殿　莲花汤　后殿　龙汤十六所　芙蓉园　九龙汤　前殿　七圣殿　海棠汤　飞霜殿　弘文馆　朝堂　津阳门　舞马台

陕西华清宫园景

陕西华清宫唐贵妃池

（五代南唐）董源《江堤晚景图》

第三节　宋元至明清

从宋代起，中国古典园林发展渐趋成熟。北宋在我国古代经济与文化发展史上是个重要的转折时期。宋太祖赵匡胤结束了五代十国分裂割据的局面之后，在政治、经济、文化等方面采取一系列有力措施，使社会、经济和文化建设得到迅速的发展。

宋代重文轻武，以"郁郁乎文哉"而著称。从宫廷到市井，都崇尚一种追求优雅的生活趣味和画风诗意。北宋建都汴州（今开封），史称"东京"。宋帝曾多次诏试画工修建宫殿，大都先有构图，然后按图营造。此举一方面促进了建筑技术的成熟和法式则例的规定，同时也鼓励了界画、台阁画的发展。

北宋初年，汴京有著名四园：玉津园、宜春苑、琼林苑和金明池。宋徽宗（赵佶）能书善画，他在位时曾命朱勔掌聚花石纲，专门搜集江浙地区的奇花异石，并先后修建了玉清和阳宫、延福宫、上清宝箓宫、宝真宫等宫殿建筑，高楼邃阁，绘栋雕梁。如延福宫中"楼阁相望，引金水天源河，筑土山其间，异花怪石，奇兽珍禽，充满其间，岩壑幽胜，宛若生成。"

宋代的帝王宫苑，以徽宗时的寿山艮岳最为壮观。规模宏大，结构精妙，被传为一时胜绝，在中国古代园林建筑历史上占有重要的地位。宋徽宗营建寿山艮岳的缘起，一是听信了道士刘混康的风水之谈："京城东北隅，地协堪舆，但形势稍下，倘少增高之，则皇嗣繁衍矣"；二是追求生活享乐，爱好山水书画，热衷苑囿营造艺术。

〔宋〕范宽《溪山行旅图》

（宋）李唐《万壑松风图》

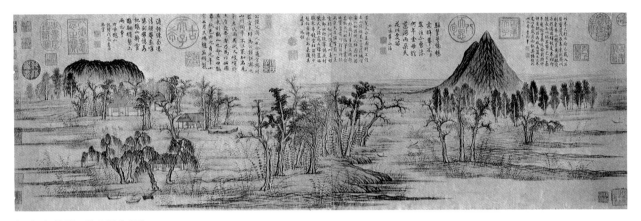

〔元〕赵孟頫《鹊华秋色图》

据易之八卦,东北方曰艮方。宣和四年(1122年),宋徽宗自作《艮岳记》,以为山在国之艮,故命名为"艮岳"。

寿山艮岳是一座以表现山水胜景为主题的大型皇家园林,供皇帝"放怀适情、游心赏玩"。据史载,政和七年(公元1117年)始筑"寿山艮岳",役民夫百千万,掇山置石,引水凿池,植奇花异草,筑亭台楼阁,费时十余年。园中有双岭分赴的山景区,有池、瀑、溪、洞相连构成的景观水系;池中有洲,洲上建亭,均随形而设。全园景致可谓"括天下之奇,藏古今之美"。

寿山艮岳的山水创作艺术极为精湛,园中各种景致力求细腻变化。所谓"穿石出罅,冈连阜属,东西相望,前后相续,左山而右水,后溪而旁陇,连绵弥满,吞山怀谷"。全园以艮岳为构图中心,掇山雄壮敦厚,立为主岳;万松岭和寿山则为宾为辅。园内既有"长波远岸"和"水出石口,喷薄飞注如兽面"的浩瀚水景;也具"周环曲折,有蜀道之难"的清幽山景,还有"筑室若农家"的村野风光。全园造景布局充分体现了"山脉之

通,按其水径;水道之达,理其山形"的宋代山水画论要旨。园中景区有白龙沜、濯龙峡等溪谷和列嶂如屏的寿山景观。瀑布下入雁池、池水出为溪流,自南向北行进于岗脊石间,往北流入景龙江,往西与方沼、凤池相通。池中有洲,洲上有亭。万松岭之南,又是一片江河景区,构成景观丰富的水系。此外,在寿山艮岳里还随着峰峦之势,巧设园林建筑。山巅置亭以眺远景,如巢云亭、介亭;依山岩之形筑楼以品茗小憩,如倚翠楼、绛霄楼。沼中有洲岛,或植芦,或植梅,花间隐亭。

寿山艮岳典型地表现了以山水创作为骨干的北宋山水宫苑风格,充分体现了造园家对自然景观要素的认知与情感,进而点缀以亭台楼阁,丰满以树木花草,达到了"妙极山水"的境界。此后元、明、清各代的皇家园林建筑的营造,大多是在继承北宋山水宫苑造园艺术传统的基础上发展的。

在"重文轻武"的宋代,上至皇帝大臣,下至地主乡绅,构成了一个庞大而富于文化教养的

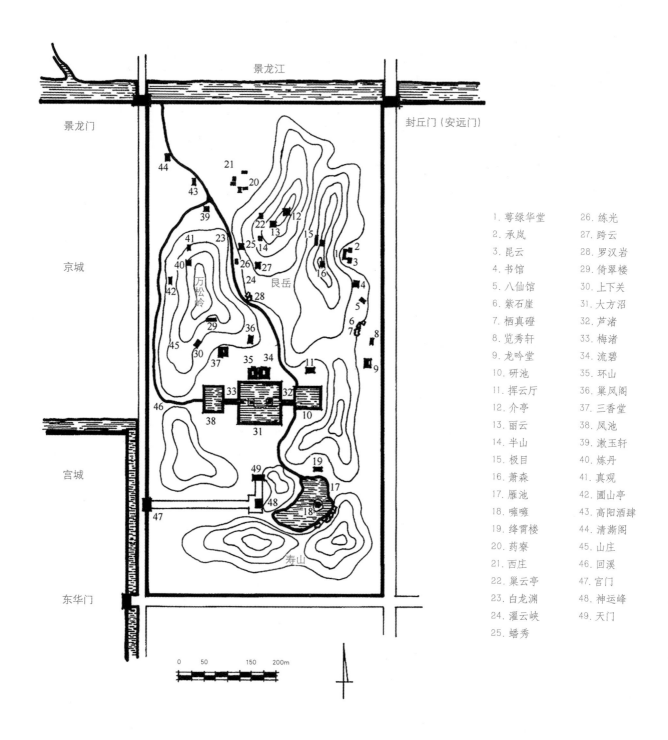

景龙江

景龙门

封丘门（安远门）

京城

万松岭

艮岳

京城

宫城

寿山

东华门

0 50   150   200m

1. 萼绿华堂	26. 练光
2. 承岚	27. 跨云
3. 昆云	28. 罗汉岩
4. 书馆	29. 倚翠楼
5. 八仙馆	30. 上下关
6. 紫石崖	31. 大方沼
7. 栖真磴	32. 芦渚
8. 览秀轩	33. 梅渚
9. 龙吟堂	34. 流碧
10. 研池	35. 环山
11. 挥云厅	36. 巢凤阁
12. 介亭	37. 三香堂
13. 丽云	38. 凤池
14. 半山	39. 漱玉轩
15. 极目	40. 炼丹
16. 萧森	41. 真观
17. 雁池	42. 圃山亭
18. 嵫嵫	43. 高阳酒肆
19. 绛霄楼	44. 清渐阁
20. 药寮	45. 山庄
21. 西庄	46. 回溪
22. 巢云亭	47. 宫门
23. 白龙渊	48. 神运峰
24. 濯云峡	49. 天门
25. 蟠秀	

北宋汴京寿山艮岳平面示意图

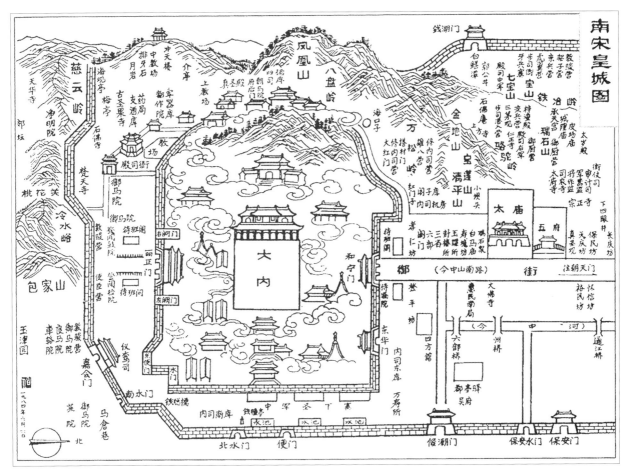

南宋皇城图

士大夫阶级。因此，宋代也是民间园林艺术兴旺发达的时代，私家园林的发展十分显著，几乎可以和皇家苑囿平分秋色。

据宋代史籍《枫窗小牍》载：北宋东京汴梁著名的私家园池有十多个，较有名者不下百处。北宋文人李格非所著的《洛阳名园记》中，记载了北宋西京洛阳城内名园 20 多个。宋室南渡后，私家园林又盛行于临安（今杭州）。《梦粱录》载："西泠桥，即里湖内，俱是贵富园圃、凉堂画阁、高台危树。花木奇秀，灿然可观。"《湖山胜概》中记述的杭州私园不下 40 余家。今日苏杭一带丰富的园林盛景，可说是从宋代前后就开始经营了。有些古典园林，如苏州的沧浪亭、环秀山庄等，在宋代已经有园。沧浪亭原为五代时吴越孙承祐的旧圃。环秀山庄则为五代广陵郡王金谷园的旧址，入宋后称为"乐圃"。此外，浙江嘉兴的"巷圃"、绍兴的"沈园"等，在宋代时也名气颇盛。沈园是陆游（放翁）旧游题《钗头凤》词之处，为千古所传诵。

与两宋同期的辽、金两朝，受中原文化的熏

绍兴沈园的入口柴扉

晨曦中的北海琼华岛

染，建园之风也曾盛行一时。在辽南京与金中都，曾经营建琼林苑、瑶光台、琼华岛等园林宫苑，为元、明、清三朝所在的北京皇家御苑打下良好基础。

元朝皇帝于大都（北京）开三海、建西苑，使后来的皇城苑囿初具规模。元代始建的"西苑"，即今天北京城内的"三海"（北海、中海和南海，后者又简称"中南海"），是辽金以来著名的皇家园林之一。早在辽金时期，引西郊玉泉山之水，注汇成一区湖面以解决京城的生活用水问题。辽

建燕京时，辟该地为"瑶屿行宫"。金朝在辽燕京的故址上建立了"中都"，又在此修离宫，称"大宁宫"。金世宗完颜雍，于公元1163年开拓水面称"金海"，垒土成山称"琼华岛"，并栽植花木，营构宫殿。那时，琼华岛上建有瑶光殿，又把汴梁城内寿山艮岳的奇石运来堆叠假山，作为皇帝的游幸之所。

元朝营建大都时，重新疏浚湖面，皇帝改金海为"太液池"，赐名琼华岛为"万岁山"。太液池东为大内，西为兴圣宫和隆福宫，三宫鼎足而立。万岁山南面设有"仪天殿"（今北海团城）。明朝对万岁山和太液池沿岸部分继续增筑和修缮，并加以扩建，称"西苑"。西苑的园林建筑营造仿秦汉宫苑之传统，总体布局为"一池三山"，有蓬莱瀛洲、仙山琼阁。三山之巅，各有殿室。东山顶是"荷叶殿"，西山顶是"温石浴室"，正中山顶是"广寒殿"。

宋元时期，文人山水画迅速发展，趋于成熟。"文人画"的基本特征是文学趣味异常突出，讲究形似与神似、写实与诗意的融合统一，注重笔墨趣味，"画中最妙言山水"。此期，山水画逐渐跃居中国画的主要地位。画中的山水景物，不仅是仙山楼阁、贵族园囿游赏、士大夫幽楼隐居的景色，更多的是南、北方山川郊野的自然景色，其间穿插有盘车、水磨、渡船、航运、捕鱼、采樵、骡行旅人、寺观梵刹、墟市酒肆等平凡场景，具有浓郁的生活气息。画面通过真实的景物描写体现优美的想象，塑造了诗一般的意境。山水画风格从现实主义向浪漫主义转变，在一定程度上也影响了园林艺术的发展。此期的文人、画家竞

（明）仇英《仙山楼阁图》

（明）仇英《松亭试泉图》

明朝著名画家唐寅笔下的山水园林 　　　　　　　　　　　　（清）张廷彦《中秋佳庆》

苏州古典名园"狮子林"中造型生动的假山叠石

相造园，对于中国园林艺术的发展起到重要的推动作用。如元初赵孟頫建"莲庄"，元末倪瓒（号云林）筑"清閟阁"、"云林堂"等，其中，倪瓒就因善于叠山造园而闻名一时。据传苏州古典名园"狮子林"中造型生动的假山叠石就出自他的手笔，留传至今，享誉中外。

明清是中国古典园林艺术发展到顶峰的时代，造园数量多且水平高。此期内中国传统园林的四大基本类型（皇家园林、私家园林、寺庙园林和风景名胜）都已发展到相当完善的程度，在总体布局、空间组织、建筑风格和植物造景上各有特色。其中，北京是皇家园林的集中地，江浙是文人私家园林的集中地，而粤中、粤东和闽南地区又形成了岭南园林，其影响辐射桂南、桂北、川西及云贵地区。至于寺观园林与风景名胜，则遍布祖国大地，形成所谓"天下名山僧占多"的局面。

明清两代的皇家园林建筑主要集中在北京。除了都城内的宫苑外，离宫别苑多营建在北京西北郊一带，规模宏大。此处山峦绵延，争奇拥翠，

云从星拱于皇都之右，且地下泉源丰富，是自然山水景观绝胜之地。由于地近都城，山水佳丽，历代王朝都在这里建有宫苑，也是公卿显贵的私园荟萃之处，寺庙建筑也很兴盛。据明代蒋一葵《长安客话》的记述，当时北京西山一带的寺庙是"精蓝棋置"，"诸蓝若内，尖塔如笔，无虑数千，塔色正白，与山隈青霭相间，旭光薄薄，晶明可爱"。"香山、碧云（寺名）皆居山之层，擅泉之胜"。每年佛会时，"幡幢铙吹，蔽空震野，百戏毕集，四方来观，肩摩毂击，浃旬乃已"。由此可见，明代的北京西山一带已是离宫别苑、名胜古刹汇集的风景园林胜地。

清朝皇室在北京西北郊建成了以圆明园为中心、多园荟萃的皇家园林群，宏大壮丽，盛极一时。著名的"三山五园"即：香山静宜园、玉泉山静明园、万寿山清漪园（今颐和园）、畅春园和圆明园。其中，圆明园被称为"万园之园"，是中国皇家园林的巅峰之作，1860年被毁于英、法侵略军的纵火焚烧。颐和园是慈禧太后在原清漪园的基础上，于1884年兴工修复并改名的。园内地形高低起伏，万寿山巍然耸立，昆明湖千顷汪洋，湖光山色，相互辉映，依势建筑亭台楼阁，长廊轩榭，构成园中之园数十处，景象变化万千。此外，清朝皇帝还在承德塞上草原围场附近营建了誉有"塞北江南"的大型园林行宫——避暑山庄。

明清时期，不仅皇家园林营造规模宏大，民间的富商豪贾及士大夫的造园之风也很流行，并在明嘉靖至清乾隆年间达到鼎盛。据史籍记载，当时杭州曾有私园别业70多处，扬州曾有私园

北京圆明园遗址

北京颐和园佛香阁

30 多处，北京城中有名的宅园达 100 余处。明朝大文人王世贞曾著《游金陵诸园记》，记述了当时南京的 36 个私家园林，许多颇为可观。著名书画家米万钟在北京建有三座宅园：湛园、漫园和勺园，尤以勺园最为精彩。《春明梦余录》载："园仅百亩，一望尽水，长堤大桥，幽亭曲榭，路穷则舟，舟尽则廊，高楼望之，一望弥际"。勺园与李戚畹的清华园相邻，时人有"李园壮丽，米园曲折，李园不酸，米园不俗"的口碑。此期的私家园林荟萃江南，数量多且质量佳，主要集中在"江浙四州"（苏州、杭州、扬州和湖州），尤以苏州最为著名。苏州古典园林的典型作品有拙政园、留园、网师园和环秀山庄等，是明清文人山水园的杰出代表，已经登录为世界文化遗产。清朝的康熙、乾隆皇帝曾数度南巡，促进了南北方造园技艺的交流。在对外交流方面，广东的岭南庭园建筑吸收了不少外国的园林建筑造型与装饰形式。

总体而言，中国传统园林建筑的造型比一般的功能性民用建筑更为灵活多样、精巧秀丽。恰如清初文人李渔在《一家言》中所述：园林建筑"贵精不贵丽，贵新奇大雅，不贵纤巧烂漫"，说明历代园林建筑的营造形式与中国人崇尚自然美的审美观念是一致的。中国传统园林建筑在明清时期已发展成为汇集山水、园艺、雕刻、书法、绘画等多种艺术的综合体，构成了中国特有的自然山水园主景内容，达到了完美精深的艺术境界。

明清时期还产生了一些有关园林建筑营造的专门论著，如明末崇祯四年（1631 年）计成所著的《园冶》、文震亨的《长物志》、徐弘祖的《徐霞客游记》、李渔的《一家言》、《闲情偶记》和沈复的《浮生六记》等。

到明清时期，中国传统园林已发展成为建筑艺术与山水构景、花卉园艺、书画雕刻、装饰工艺等多种艺术形式相融合的游憩空间景观综合体，达到了超凡脱俗、博大精深的审美境界，其中的一些精品已被联合国教科文组织列入了世界文化遗产名录。

苏州留园冠云峰

第三章
中国传统园林建筑营造艺术

第一节 基本特色

第二节 建筑形式

第三节 诗画意境

第一节　基本特色

中国古代造园，非常注重对园林中建筑物和工程构筑物的经营，因为园林不仅要表现自然要素的美，还要表现人在自然环境中美的生活和情感寄托。园林建筑，就是在自然环境中人类的社会形象、生活理想和行为力量的物化象征。

由于历史文化背景的不同，东西方国家对"园林建筑"一词的理解是不同的。在以中国为代表的东方自然山水园里，只要能起到造景、游赏效果的建（构）筑物，均统称为园林建筑；而西方人通常所称的园林建筑，一般是指不含府邸等主体建筑的小型景观建筑，包括喷泉、花台、雕塑、装饰、园灯、座椅等园林小品。

中国的古典园林，不论是皇家宫苑、私家宅园、寺庙庭园或风景名胜，出于对向往自然、乐于林泉生活起居的实用需要，一般都有各种相应功能的建筑物。建筑作为园林的营造要素之一，是中国古典园林的特点，已有悠久的发展历史。

例如，在皇家园林里，因为有皇帝上朝理事的使用功能需要而设有朝廷宫殿类的建筑和大内寝宫式的居住建筑，还有适应各种游览休息和园林赏景活动所需的游赏建筑。民间的私家园林一般占地较小，多建在住宅一侧称"后花园"。园主在里面生活起居和休闲玩赏，也需要对应安排一些功能恰当的建筑，进行读书、抚琴、吟诗、作画、小酌、对弈、啜茗、清谈、宴客、卧游之类的园居活动。这些与园景内容相衬的园林建筑，使自然化的园林空间达到可行、可望、可游、可居的诗画境界。因此，中国传统园林建筑一般就

〔明〕仇英《松亭试泉》

（元）王蒙《溪山高逸》图中的游憩建筑

成为游园观赏视线的焦点和园居活动的停点。在中小尺度的古典园林中，更是常以园林建筑作为园景形象的构图中心。

中国传统园林建筑最早可以追溯到商周时代皇家苑囿中的台榭。魏晋以后，形成了中国特有的自然山水园艺术形式，使自然景观要素成为园林里的主要观赏对象。造园家希望园林里的建筑要能够充分与自然环境相协调，体现出诗情画意，使人在建筑中更好地体会自然之美和生活之美。同时，自然环境有了园林建筑的装点，往往会更加富有情趣。中国传统园林建筑的基本特色，就是十分讲究与自然要素高度融洽和谐，达到《园冶》中所说的"虽由人作、宛自天开"。

第二节 建筑形式

从使用功能上看,中国传统园林建筑形式大致可以分为四类:

(1) 风景游赏建筑,通常是结合地形布局于自然山水或园林环境中,可独立成景,诸如厅、堂、斋、室、馆、舍、楼、阁、亭、轩、廊、榭、舫、山房等。

(2) 庭院游憩建筑,其特点是以一组建筑围合成相对独立的庭院空间,穿插布置绿地花木,使室内外空间能相互渗透,满足园主园居生活的游憩需要,如茶庭等。

(3) 交通景观建筑,园林中所建设的各式园路、桥梁、蹬道、码头、船坞等均属此类,它一般须兼有交通与造景功能。

(4) 小品雕饰建筑,诸如景门、景窗、云墙、园路、座椅、园灯、篱垣、花架之类的建筑小品,也包括露天的陈设、家具、雕塑、园林建筑构件细部装饰和小型景观点缀物等。

风景游赏建筑示例:苏州拙政园水廊

庭院游憩建筑示例:北京颐和园谐趣园

交通景观建筑示例:北京颐和园十七孔桥

小品雕饰建筑示例:苏州狮子林探幽景墙

北京颐和园廓如亭——中国古典园林中体量最大的亭

一、亭

亭是中国传统园林中最常见的景观建筑。明代造园家计成在《园冶》中就有"宜亭斯亭，宜榭斯榭"、"花间隐榭，水际安亭，斯园林而得致者"等论述，可见其营造历史之悠久，应用之广泛。

园林中的"亭"一般是逗留赏景的场所，体积小巧，造型别致，可用于园林中的任何地方。亭的主要功能是点缀园景、供人驻足赏景和乘凉避雨。《园冶》中说："亭者，停也。所以停憩游

行也"。亭子的结构简单，一般柱间通透，有些柱身下设半墙。亭子以其玲珑剔透、轻盈多姿的建筑外形与园林中的山水花木景观相结合，构成一幅幅美丽生动的画面。亭在中国古典园林中运用得非常广泛，几乎是每个园林中不可缺少的一种景观建筑。

在中国古典园林中，亭的造型丰富多彩。按平面形式分，有多边形亭（如三角攒尖、正方、

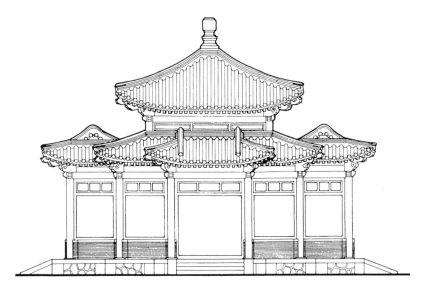

水流云在亭正立面图

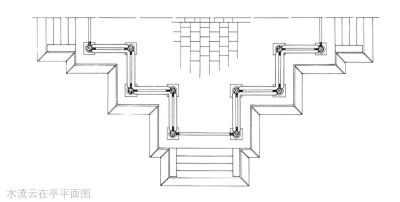

水流云在亭平面图

承德避暑山庄水流云在亭

承德避暑山庄曲水流觞亭

承德避暑山庄巢翠亭

五角、六角、八角）、圆亭（如蘑菇形、伞形）、异形亭（如扇形、十字形）、组合亭等。按立面造型分，有单檐、重檐及三重檐亭。单檐亭的造型比较轻巧，是最常见的一种形式。多檐亭则给人以端庄稳重之感，在北方皇家园林中较为多见。按建筑材料分，中国传统园林中的亭子多用木构瓦顶，也有木构草顶亭或石亭、竹亭。按建亭的位置分，又有山亭、水亭、桥亭、半亭、廊亭等，力求与周围环境有机结合，形成浑然一体的景观。此外，亭的制作工艺也有南北风格之分。北方的亭子一般屋角起翘较低、屋面平缓，用料粗壮，色彩艳丽；南方的亭子通常屋角起翘较高且屋面较陡，用料比较纤细，色彩大多为青灰。

北京北海五龙亭

承德避暑山庄莺啭乔木亭

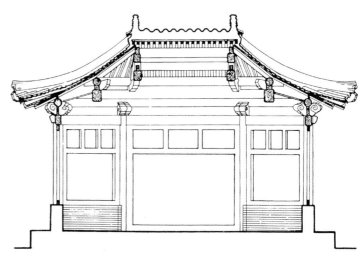

莺啭乔木亭剖面图

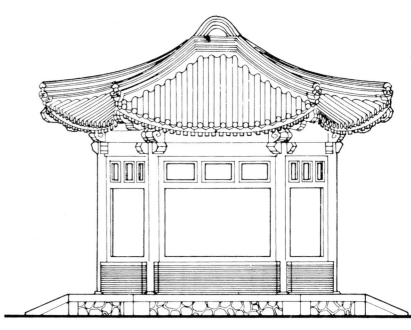

莺啭乔木亭正立面图

沧浪亭

沧浪亭正立面图

怡园小沧浪亭

怡园小沧浪亭正立面图

曲园半亭

扬州何园水心亭

拙政园塔影亭正立面图

拙政园塔影亭

拙政园梧竹幽居亭

拙政园绣倚亭

北京故宫御花园御景亭

上海豫园耸翠亭

狮子林湖心亭

艺圃乳鱼亭

狮子林扇面亭

　　中国古典园林中的亭，集中运用了中国古代
建筑最富于民族特征的屋顶形式精华，从方到圆，
三角、六角到八角，扇面、套方、梅花、十字脊、
单檐、重檐、攒尖、歇山、卷棚、盝顶等，造型
挺拔，如翚斯飞，形象丰富多姿，气势生动空灵。
亭子造型充分表现了中国传统园林建筑飞动之美
的气韵，寓动势于静态之中，体现了有限园林建
筑空间中的景观审美无限性。

广东顺德清晖园六角亭

成都杜甫草堂草亭

扬州个园清漪亭

二、廊

"廊"是中国古典园林中常用的一种"虚空间"或"灰空间"建筑形式，一般由两排列柱顶着一个不太厚实的屋顶构成。廊既是联系各类风景园林建筑的脉络，也是欣赏周围风景的导览线。廊的一边或两边通透，利用列柱、横楣构成了一个个取景画框，形成景观通道，可起到让游人步移景换、剪裁景观的作用。

在中国园林里，廊是园林建筑与自然绿地之间的过渡空间，其特点是可长可短、可直可曲、随形而弯、依势而转，造型别致，高低错落。游人行走其间可行可歇、可观可戏。廊多布置于两个风景建筑或观赏景点之间，使园林空间层次丰富多变，成为园林里空间联系与划分的一种重要手段。

廊的基本类型，从平面上来看，一般可分为直廊、曲廊和回廊。从横剖面上来看，大致可分为双面空廊、单面空廊、复廊和双层廊。从与地形环境结合的角度来看，又可分为平地廊、爬山

苏州拙政园柳荫路曲游廊

廊、水廊、桥廊等。廊的外形虽多，但基本结构都一样。常见的有：

（1）双面空廊，是指廊的两边均为列柱透空，是中国古典园林中最常使用的一种形式。如北京的颐和园中的长廊，全长728米，南观昆明湖，北看万寿山，是中国古典园林中最为绚丽的双面空廊。

（2）单面空廊，是指廊的一边为列柱空廊，面向园中主要景色；另一边砌墙或附属于其他建筑物，形成半通透、半封闭的空间效果。廊下檐墙的做法依需要而定，可做成实心墙或在墙上设置漏窗、什锦窗、隔扇、空花格等，如苏州留园中的"古木交柯"景区连廊和苏州艺圃中的"响月廊"。

北京颐和园佛香阁回廊

苏州艺圃响月廊

（3）复廊，又称"里外廊"，是在双面空廊屋顶中间设置一道隔墙，将廊分成里外两部分，在隔墙上可设置漏窗或什锦窗。这种廊适用于需要将不同景物进行分开游览的游园，如苏州沧浪亭东北面的复廊，将园外之水与园内之山互相资借，得景随机，处理甚妙。

（4）双层廊，又称楼廊，是做成上、下两层的游廊，多用于连接具有不同标高的园林建筑或景点，提供人们在不同高度观赏园景的条件。例如，北京北海琼华岛北端的"延楼"，就是呈半圆形弧状布置的双层廊。它东起"倚晴楼"，西至"分凉阁"，长度上共60个开间。它把琼华岛北麓的各组建筑群全都兜抱起来联成一个整体，景色奇丽。

（5）爬山廊，廊子顺地势起伏蜿蜒曲折，犹如伏地游龙。常见的建筑形式有叠落式爬山廊和竖曲线爬山廊。当廊子顺着参差跌落的地形而建时，称为"叠落式爬山廊"；当廊子顺斜坡地形绵延起伏而建时，称为"竖曲线爬山廊"。北京恭王府花园、颐和园"画中游"、北海"濠濮间"中的爬山廊和无锡寄畅园的叠落廊，都是比较典型的实例。

苏州怡园复廊

北京北海环碧双层廊

北京恭王府花园爬山廊

苏州拙政园水廊

　　（6）水廊，廊子紧贴水岸边或完全凌驾于水面之上，供欣赏水景和联系水上建筑之用，形成以水景为主的观赏空间。位于岸边的水廊，廊基一般紧接水面，廊的平面也大体贴近岸边。在水岸曲折自然的情况下，水廊大多沿着水边呈自由式展开，廊基一般也不砌成整齐的驳岸，而是顺自然地势与园林环境融为一体。架在水面上的游廊，基座一般不高，多以露出水面的石台或石墩为基础，使廊子的底板尽可能地贴近水面，并使水流在廊下互相贯通。游人漫步水廊，左右环顾，仿佛置身水面之上，别有一番情趣。水廊的典型实例，有如苏州拙政园里著名的"波形廊"。

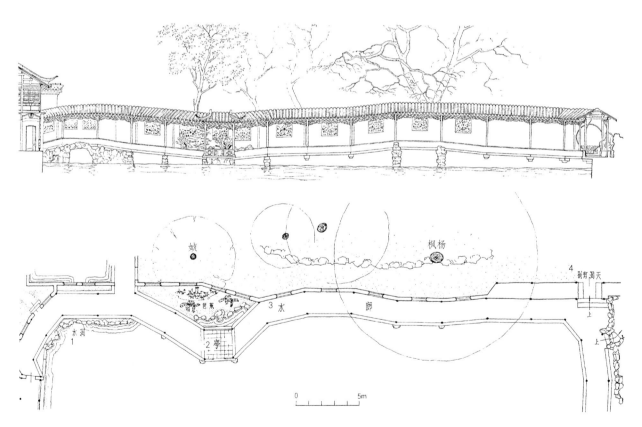

苏州拙政园水廊平面图与立面图

苏州拙政园小飞虹桥廊

（7）桥廊，亦可称"廊桥"，是中国相当独特的一种园林建筑，兼有桥梁与景廊的双重功能。桥廊的选址和造型一般比较讲究，力求能形成美丽的建筑立面与水中倒影景观，起到划分园景空间层次、组织观赏游线的作用。中国古典园林中最著名的桥廊，当属苏州拙政园松风亭北面的"小飞虹"。

苏州狮子林双面景廊

广东番禺余荫山房桥廊

北京颐和园金碧辉煌的彩画长廊

苏州留园曲廊

苏州耦园折廊

山东潍坊十笏园水廊

苏州环秀山庄曲廊

苏州网师园曲廊

苏州网师园射鸭廊

苏州网师园半廊

南京瞻园曲廊

扬州何园楼廊

北京故宫乾隆花园过廊

上海豫园曲廊

三、台

"台"是一种露天的、表面比较平整、开放性的建筑物。中国园林中的高台建筑起源于商周，盛行于春秋战国时期，是中国最古老的园林建筑形式之一。

中国古代早期的台是一种夯土建筑，帝王宫殿多建于台之上，使得建筑外观更加高耸、壮丽。《诗经·尔雅》中写道："观四方而高曰台"，可见登台远眺之赏心悦目，是先民筑台所追求的主要实用功能之一。所以，中国古代的宫廷和园囿中筑高台观景的风气很盛，帝王和百姓都喜欢在高台上进行祭祀、崇拜、观赏、娱乐等活动。

东莞可园拜月台

北京天坛圜丘台

扬州瘦西湖钓鱼台远景

上海豫园水台

扬州瘦西湖钓鱼台近观

北京故宫乾隆花园承露台

中国造园历史上比较著名的台有：灵台、姑苏台、铜雀台、神明台、通天台、望鹤台、观象台等。后来，随着时代的发展，高台逐渐走向世俗民间，在中国古典园林中演变成为建于山顶高处的天台、山坡地带的叠落台、悬崖峭壁处的挑台，建于厅堂前的露台、月台，建于水面上的飘台以及以楼阁、假山等形式出现的各式观景平台。

台在中国古典园林中的著名实例，有如北京天坛的"圜丘台"、北京北海琼华岛的"仙人承露台"、承德避暑山庄的"梨花伴月台"、苏州留园的"冠云台"、扬州瘦西湖的"钓鱼台"等。

北京故宫御花园祭台

雷州三元塔公园广运台之一

雷州三元塔公园广运台之二

北京北海仙人承露台

承德避暑山庄文园水榭

四、榭

"榭"是由古代水边的台演化而成的，多为临水建筑，亦有"水阁"之称。榭的功能以供人观赏水景为主，兼作休息场所。在建筑形式上，榭一般都突露出水岸或驾临水上，结构轻巧，空间开敞。

中国园林中水榭的传统做法是：在园中景观水体边架起一个平台，一半伸入水中，一半倚靠岸壁或横架其上，平台四周以低平的栏杆围合，在台上建一个木构单体建筑。建筑的平面形式通常为矩形，临水一侧的建筑立面开敞，有时建筑四周均为落地门窗，显得格外空透、畅达。屋顶常用卷棚歇山式样，檐角低平轻巧。檐下玲珑的挂落、柱间微曲的鹅颈靠椅和各式门窗栏杆等，多为精美的木作工艺，既朴实自然，又简洁大方。

苏州拙政园芙蓉榭

苏州怡园藕香榭内景

苏州网师园濯缨水阁

苏州耦园水榭"山水间"

苏州怡园藕香榭外观

成都杜甫草堂水榭

成都杜甫草堂水榭内景

常熟曾赵园水榭

东莞可园擘红小榭

番禺余荫山房玲珑水榭

番禺余荫山房玲珑水榭内景

南京瞻园观鱼榭

福州西湖水榭

佛山梁园荷香小榭

杭州曲院风荷水榭

五、厅

上海古漪园南厅

在中国古典园林里，"厅"一般是供园主会客、议事、宴请、观赏花木或欣赏戏曲的主体建筑，起着公共活动空间的功能。

厅一般要求有较大的建筑空间以便容纳众多的宾客，还要求门窗装饰考究，室内陈设齐全，建筑总体造型典雅、端庄。传统园林里的厅，一般是前后开窗设门分隔室内空间，也有四面开设门窗赏景的"四面厅"。厅按照不同的使用功能与结构形式，又可细分为茶厅、大厅、鸳鸯厅、花厅、船厅等建筑空间类型。

北京恭王府花园蝠厅

杭州郭庄香雪分春厅内景

苏州拙政园卅六鸳鸯馆花厅内景

苏州狮子林荷花厅

上海豫园静观大厅

苏州拙政园卅六鸳鸯馆花厅外观

佛山梁园船厅

佛山梁园船厅内景

苏州狮子林燕誉堂内景

六、堂

在中国传统建筑中，"堂"是住宅建筑"正房"的雅称，一般是家长的居住地，也可作为家庭举行庆典或会议的场所。

堂通常位于宅第建筑群的中轴线上，体型比较严整，装修瑰丽，室内常用隔扇、落地罩、博古架进行空间分割。《园冶》云："古者之堂，自半已前，虚之为堂。堂者，当也。谓当正向阳之屋，以取堂堂高显之义"。由此可见，堂在中国园林营造中的地位十分重要。

厅和堂均为中国古典园林里的主体建筑，常设在入大门后不远的主景轴线上，要求造型简洁精美，景观风水良好。厅和堂的构造与装饰的形式多样，其名称有的也以建筑主材用料的不同来区分。所谓"扁厅圆堂"，就是说用扁方木料的为厅，用圆木料的为堂。厅堂的前面常布置天井或小庭院，点缀山池花木对景欣赏。明清以后，私家园林中的厅和堂少有区别，常以"厅堂"合称之，例如苏州拙政园的"远香堂"和广东番禺

苏州拙政园远香堂

远香堂内景

立面图

横剖面图

苏州拙政园远香堂立面图与横剖面图

远香堂门额花窗及对景

余荫山房的"深柳堂"。

中国古代造园对厅堂的经营位置相当重视，甚至还要营造出一定的情境以体现园主的地位、身份、志趣及文化品位。因此，造园史上有所谓"尊一园之势者莫如堂"之说。在中国北方的皇家园林中，私家园林中的厅堂建筑又进一步演化为殿堂建筑，以适应帝王的礼制与排场，如颐和园中的仁寿殿、排云殿，承德避暑山庄中的澹泊敬诚殿等。

颐和园仁寿殿

承德避暑山庄澹泊敬诚殿

退思园退思草堂内景

退思园退思草堂

苏州网师园万卷堂内景

苏州耦园载酒堂内景

苏州狮子林立雪堂

苏州耦园城曲草堂

上海豫园点春堂

南京瞻园静妙堂

上海豫园仰山堂

番禺余荫山房柳荫堂

上海豫园玉华堂

北京颐和园藻鉴堂

七、轩

中国园林中"轩"多置于高敞或临水的地方，是用作观景的小型单体建筑。其建筑造型特点，恰如《园冶》所云："轩式类车，取轩轩欲举之意，宜置高敞，以助胜则称"。苏州留园的"闻木樨香轩"、拙政园的"与谁同坐轩"、上海豫园的"两宜轩"等。轩的另一种称谓，是指建筑构造中厅堂前部的顶棚，仿佛古代的"车轩"；其形式多样，造型优美，有船篷轩、海棠轩、弓形轩、鹤颈轩等。较著名者，有如杭州西湖郭庄之"乘风邀月轩"，扬州瘦西湖之"饮虹轩"，颐和园后山"嘉荫轩"等。

苏州留园闻木樨香轩

苏州拙政园与谁同坐轩

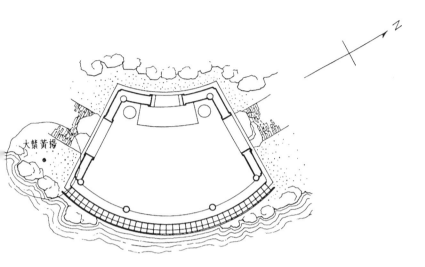

平面图

上海豫园两宜轩

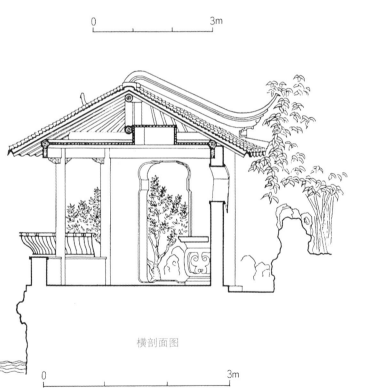

横剖面图

苏州拙政园与谁同坐轩实测图

杭州郭庄乘风邀月轩

苏州拙政园倚玉轩

苏州网师园竹外枝轩

苏州留园揖峰轩内景

苏州网师园看松读画轩内景

苏州狮子林指柏轩内景

苏州退思园菰雨生凉轩

苏州曲园认春轩

上海豫园九狮轩

杭州郭庄两宜轩

北京北海静憩轩

北京故宫乾隆花园古华轩

颐和园听鹂馆

八、馆

在中国古代，"馆"原为官人的游宴之处或客舍。《说文》载："馆，客舍也"。《园冶》亦云："散寄之居，曰馆，可以通别居者"。不过，中国古典园林中的"馆"，并不都是旅馆客舍性质的建筑，也作为一种休憩会客的场所，常与园内的居住部分和主要厅堂有一定的联系。例如，苏州拙政园内的"芙蓉馆"、"玲珑馆"，网师园内的"蹈和馆"，

留园内的"清风池馆"等。

中国古典园林里常用的轩、馆也属于厅堂类建筑，但尺度相对较小，布局位置较为次要。在皇家园林中，轩、馆多作为一组游憩建筑或独立园林景区的总称，如北京颐和园的"听鹂馆"、"宜芸馆"，苏州留园"五峰仙馆"、"林泉耆硕之馆"，番禺余荫山房临池别馆等。

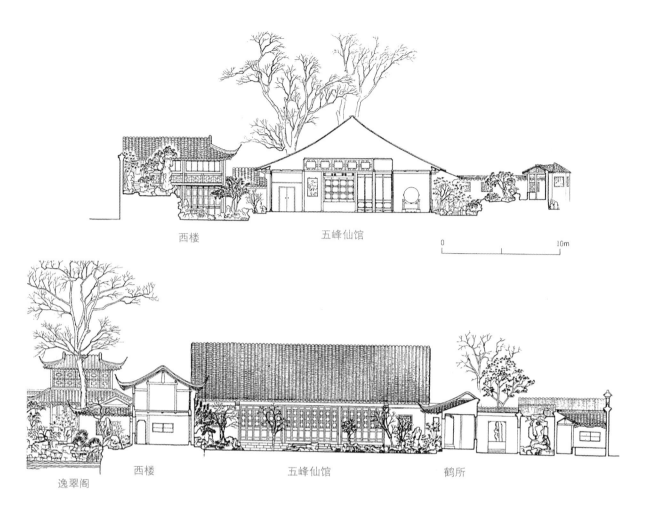

西楼　　　　　　　　　　　　五峰仙馆

0　　　　　　　　　　　10m

逸翠阁　　西楼　　　　　　五峰仙馆　　　　　鹤所

苏州留园五峰仙馆建筑剖面

苏州留园五峰仙馆内景

苏州留园五峰仙馆精美门窗

苏州留园林泉耆硕之馆

苏州留园林泉耆硕之馆剖面图

番禺余荫山房临池别馆

顺德清晖园笔生花馆

番禺余荫山房临池别馆近景

苏州拙政园玲珑馆内景

苏州沧浪亭玲珑馆内景

苏州留园清风池馆

承德避暑山庄烟雨楼

九、楼

"楼"是两层以上的屋宇,故《说文》中释义"重屋曰楼"。《诗经·尔雅》云:"狭而修曲曰楼",即说明楼一般是长条形的,平面上可以有曲折的变化。

在明代,楼的位置大多位于厅堂之后,在园林中一般用作卧室、书房或用来观赏风景。由于楼比较高,常成为园中一景,尤其在临水背山的情况下更是如此。

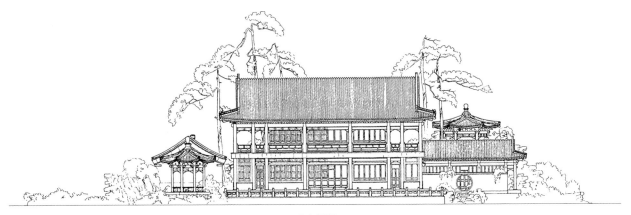

北立面图

东立面图

承德避暑山庄烟雨楼立面图

苏州留园明瑟楼

苏州拙政园见山楼

苏州拙政园倒影楼

扬州个园抱山楼

苏州狮子林见山楼

苏州留园曲溪楼

苏州沧浪亭看山楼立面图

苏州沧浪亭看山楼

东莞可园绿倚楼

上海豫园会景楼

北京颐和园湖光山色共一楼

扬州个园丛书楼

夕佳楼

十、阁

中国古代的"阁"是由干阑式建筑演变而来，外形与楼近似，但较小巧。阁的平面为方形或多边形，多为两层的建筑，四面开窗。《园冶》中说："阁者，四阿开四牖"。阁一般用来藏书、观景，也可用来供奉大型佛像。

楼、阁是中国古典园林中的高层建筑物，体量较大，造型丰富，内部装修又常做成小轩卷棚以达到高爽明快的效果。楼多用于居住，阁多用来贮藏东西，如寺观园林中的"藏经阁"。楼多建于园林的一侧，结构较为精巧，有窗，其顶多为硬山、歇山式。阁多为重檐双滴，其平面多为方形，列柱8~12条，其屋顶的构造多为歇山式、攒尖顶，与亭相仿。

在中国古典园林中，楼与阁在形制上不易明

云南昆明大观楼

北京北海分凉阁

确区分，以致后来人们常将"楼阁"二字连用。历史上著名的园林楼阁很多，如：武汉黄鹤楼，湖南岳阳楼，山东蓬莱阁，北海分凉阁，昆明大观楼，颐和园佛香阁，承德避暑山庄文津阁、上帝阁，苏州拙政园松风水阁等。

武汉黄鹤楼

湖南岳阳楼

山东蓬莱阁

承德避暑山庄文津阁

上海嘉定古漪园微音阁

苏州拙政园松风水阁

苏州狮子林修竹阁

南京煦园漪澜阁

苏州拙政园浮翠阁

杭州郭庄景苏阁

承德避暑山庄上帝阁正立面图

承德避暑山庄上帝阁

苏州拙政园留听阁内景

东莞可园邀山阁

苏州拙政园留听阁

颐和园佛香阁

上海嘉定古漪园浮筠阁

颐和园画中游阁

十一、斋

　　"斋"是宗教上的斋戒之意，用于建筑上多指出家人（和尚、道士、居士）修身养性练功所用的斋室。

　　"斋"用于世俗建筑，则燕居之室曰斋，学舍书屋也称斋，体量较小，多取环境幽美处而设。《园冶》曰："斋较堂，惟气藏而致敛，有使人肃然斋敬之义。盖藏修密处之地，故式不宜敞显"。中国古典园林里较著名的斋，有如北京香山见心斋、北京故宫乾隆花园倦勤斋、苏州网师园殿春簃书斋、北京颐和园云翰斋、北京北海静心斋等。

北京香山见心斋内院

北京香山见心斋全景

北京故宫乾隆花园倦勤斋

苏州网师园殿春簃书斋

苏州网师园殿春簃书斋内景

北京颐和园云翰斋

苏州耦园织帘老屋书斋

东莞可园观鱼簇

苏州曲园达斋

北京北海静心斋

十二、室

"室"多为园林中的辅助用房，面积一般不大，多配置于厅堂的边沿。因其功能用途与"斋"相近，故民间也常以"斋室"统称之。

例如，北京北海静心斋抱素书屋、苏州网师园琴室、苏州怡园石听琴室、北京北海琼华岛歙镵室、广东东莞可园双清室、苏州曲园琴室等。镇江焦山别峰庵西跨院内"郑板桥读书处"，片山斗室，三间小筑，却有不凡的气韵，即所谓"室雅何须大，花香不在多"。苏州怡园的"碧梧栖凤"小室，取白居易诗意"栖凤安于梧，潜鱼乐于藻"而名，环境幽闲舒适。北京北海琼华岛北坡依山而筑的歙镵室，台座基础全用白色景石包砌，象征天上祥云缭绕在阶前，寓意仙居。

北京北海静心斋抱素书屋庭院

苏州网师园梯云室

东莞可园双清室

苏州狮子林卧云室

苏州怡园石听琴室

苏州怡园石听琴室内景

苏州曲园琴室

苏州网师园琴室

广东东莞可园双清室内景

北京北海琼华岛畋鑑室

北京颐和园谐趣园知鱼桥

十三、桥

中国古典园林中的"桥"，兼有交通和观赏组景的双重功能。许多造型优美、建筑位置恰当的园桥，构成了著名的风景点。如杭州西湖白堤上的"断桥残雪"、苏堤六桥，扬州瘦西湖五亭桥，北京颐和园的十七孔桥和玉带桥等。

中国古典园林里桥的造型变化非常丰富，有平桥、曲桥、拱桥、亭桥、廊桥等。若按材质来划分，园桥又有石桥、木桥、竹桥和藤桥等形

北京颐和园西堤豳风桥

苏州艺圃石板桥

承德避暑山庄湖区木桥

苏州拙政园平折桥

北京颐和园后湖石拱桥

苏州拙政园小拱桥

式。在实际造园中，小园以平桥为主，常贴近水面布置，以取凌波行走之势；中园常以曲折之桥跨越水面，增加水面的空间层次；大园则多将园桥处理成独立的景观建筑，成为园景中的画龙点睛之笔。

上海豫园廊桥

苏州沧浪亭入口石桥

苏州耦园曲桥

扬州何园曲桥

南京瞻园青石板桥

苏州网师园石板折桥

苏州网师园微拱石桥

苏州艺圃石板折桥

十四、舫

"舫"的概念源于画舫，也称"不系舟"，特指模仿楼船造型在园林湖泊中建造的船形建筑，供人在其中游玩饮宴、观赏水景。

园林中的舫多建于水边，三面或四面临水，身临其境会有乘船荡漾于水上的感觉。舫的基本形式与真的楼船相似，一般分为前、中、后三部分，前舱较高，有亭榭特征；中舱略低，是休息、娱乐、宴饮的场所；尾舱最高，形似楼阁，供人登高远眺观景。舫的前半部多伸入水中，船首一侧常设有平桥与岸相连，仿佛登船跳板。

舫的构造通常为下部船体用石，上部船舱多用木构，四面开窗。船头有敞篷眺台，供赏景会客之用。中舱下沉，两侧设长窗，以便获得宽广的视野。尾部设楼梯分作两层，下实上虚。舫的屋顶一般为船篷式样或两坡顶，首尾舱顶多歇山式样，轻盈舒展。舫的建筑要求造型比例适宜，装修精美，在水面上能形成生动的形象，成为园林中的重要景点。中国古典园林中较著名的舫，有如北京颐和园"清晏舫"、苏州拙政园"香洲"、狮子林"石舫"和扬州瘦西湖"沉香榭"等。

北京颐和园清晏舫

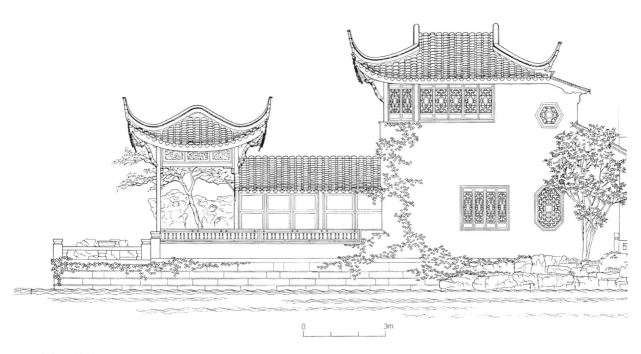

0　　　　　3m

苏州拙政园香洲侧立面图

正立面图

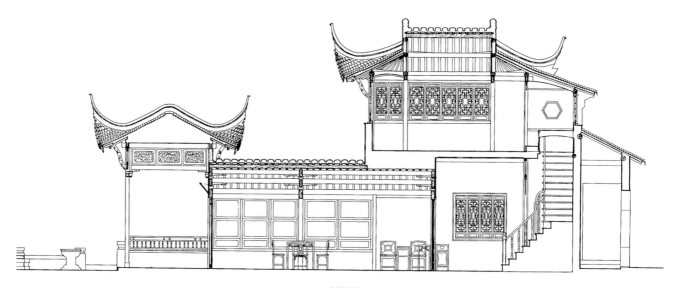

剖面图

苏州拙政园香洲正立面图及剖面图

苏州狮子林石舫

苏州怡园画舫斋内景

西安临潼华清池石舫

苏州怡园画舫斋

苏州退思园闹红一舸

苏州退思园旱船

上海豫园亦舫

潍坊十笏园船舫

上海豫园船舫内景

苏州曲水园旱船 "舟居非水"

南京煦园不系舟

上海嘉定秋霞圃 "舟而不游轩"

十五、塔

承德避暑山庄普陀宗乘之庙藏式塔

塔起源于印度，用于供奉佛祖"舍利"，是早期佛寺的主要纪念性建筑。塔常建于寺院的中心部位，僧侣们围绕着它拜佛念经。后来，随着供奉佛像的佛殿建筑兴起，塔的重要性才逐渐让位。在中国，塔多建于寺庙园林中。在大型皇家园林里，因宗教崇拜的需要也多建有佛塔。

中国古代园林中塔的建筑形制奇特，类型繁多。按平面形状分，早期多为正方形，后来发展成六角形、八角形、十二边形、圆形、十字形等。按建筑材质分，有木塔、砖塔、砖木混合塔、石塔、铜塔、铁塔、琉璃塔等。按建筑造型分，有单层式塔、楼阁式塔、密檐式塔、喇嘛塔、金刚宝座塔等。

塔在中国园林中具有"凌空耸秀"的风姿，兼有点景和观景的双重功能。在空间尺度较大的风景名胜地，塔一般建造在曲水转折处或山之峰巅以控制山水形势，暗含镇守一方保平安之吉祥寓意。因此，塔在中国园林中多成为局部景观的构图中心和借景对象。

中国古典园林中著名的塔，有如承德避暑山庄普陀宗乘之庙藏式塔，苏州虎丘"云岩寺塔"，杭州西湖"保俶塔"，扬州瘦西湖白塔，颐和园琉璃多宝塔，北海白塔，西安大雁塔，云南大理三塔等。

苏州虎丘云岩寺塔

扬州瘦西湖白塔

杭州西湖保俶塔

承德避暑山庄须弥福寿之庙琉璃万寿塔正立面图

承德避暑山庄须弥福寿之庙琉璃万寿塔

北京北海琼华岛白塔

陕西西安大雁塔

云南大理三塔

惠州西湖宝塔

扬州大明寺栖云塔

承德避暑山庄永佑寺塔

颐和园后山四大部洲藏式塔

承德避暑山庄藏式塔

泉州开元寺仁寿塔

十六、墙

　　墙是用于围合或分隔建筑空间的主要工程构筑物。在中国古典园林中，墙的运用方式很多，富有特色。景墙有外墙、内墙之分，多用于围合与分隔园景空间，衬托或遮蔽不良景物，达到《园冶》中所说的"俗则屏之，嘉则收之"的景观构图效果。特别是地处市井密集地段的江南古典园林，多以高墙为界而与闹市空间相隔离。这些形态各异、线条流畅、轮廓优美、气韵生动的景墙，构成中国园林中一道亮丽的风景。

　　中国古典园林中的景墙造型丰富多彩，常见的有粉墙和云墙。粉墙外饰白灰以砖瓦压顶，造型较平直。云墙呈波浪形，多以瓦压饰，造型富于变化，如龙形墙、波形墙等。墙上常设漏窗，窗景多姿；墙头、墙壁上一般也有艺术装饰图案。景墙在园林里多结合地形设置，平地上建平墙，坡地或山地上常就地势修成梯级或波浪形高低起伏的墙。粉墙还经常作为园中山石、花木的衬托背景，在墙面上形成斑斓多变的光影构图，仿佛水墨渲染的山水画。

　　为了有效地组织园景，实现"园中有园、景中有景"的空间构图变化，中国古典园林中的各类景墙，讲究恰到好处地开一些不设门窗隔扇的墙洞，形成空窗和洞门，构成美丽动人的框景画面，起到丰富景深层次、扩大景象空间、增添游赏情趣、引人入胜的效果。其优秀实例，如苏州网师园"云窟"景墙、扬州何园楼廊粉墙、上海豫园的龙墙、苏州沧浪亭"瑶华境界"廊墙等。

苏州网师园云窟景墙

扬州何园景墙

扬州何园景门景窗

苏州拙政园爬山廊和云墙

苏州留园景墙

上海豫园水花墙

十笏园景墙

北京颐和园灯窗墙

苏州拙政园晚翠洞门

扬州大明寺院墙框景

扬州汪氏小苑小院春深景墙

苏州网师园景墙与花台

扬州个园冬园景墙

无锡太湖天香碧落小院景墙

扬州个园春园景墙

扬州汪氏小苑抱秀景墙

十七、园路

园林中的路径是联系园景与游人的媒介，是园景的脉络和观赏视点运行的组织要素。园路决定了各园景空间的位置关系，组织园景展示程序、显现方位、观赏距离和更替变化，局部还可对园景起剪辑作用。中国传统造园所推崇的"曲径通幽"、"峰回路转"、"开门见山"、"山重水复疑无路，柳暗花明又一村"等园景效果，都是依赖园路导引而形成的。

中国古典园林中的园路布局，一般具有下列特性：

苏州网师园铺地

南京煦园入口园道

北京西山大觉寺园路

苏州拙政园路面图案

苏州留园小路铺装

苏州留园小路铺装

北京故宫御花园甬道

故宫乾隆花园古华轩庭院铺装

苏州留园小路铺装

（1）诱导游园。即将游赏路径包含于园林景观之中，把景点安排在游线上。沿路游览，如入天然图画。

（2）路景对应。即中国传统造园所讲究的"因景设路、因路得景"。园路规定了观赏视点运行的基本轨迹，游人在行进中随着视点的运行，一系列透视景面连续映入眼帘，有限的景观便得到了无穷多的景面，即所谓的"步移景异"。还有些路径本身的景观作用较强，既是路，也是景。

（3）自然曲折。《园冶》云："蹊径盘且长"。中国传统造园中园路多配合山水环境采用"舍直就屈"的平面，体现"师法自然"的理念。它不仅增加了景观层次，增强了观赏效果，更激发了游兴，增加了游程和游览时间，起到拓展游览空间的作用，在有限的园地里造成了无限风光的幻觉。

（4）布局回环。中国传统造园为了在有限用地里充分利用空间，游线要尽可能遍布全园。不同路径之间要衔接贯通，构成环行。局部小回环，全园大回环，使游园活动从不同方向都能连续进行，避免走回头路。

（5）形态变幻。园路作为园景的重要内容，其形态就表现出丰富多彩的变化。园路的扩展形态有铺地、广场，遇山体的转化形态有梯级、隧道、飞梁等，遇水体的转化形态有长堤、步石、汀步等。园路本身也构成形态优美的景观。

（6）巧饰铺装。中国传统造园常利用路面效果（平坦、粗糙或坎坷）来控制游览速度以配合赏景。园路铺装在艺术上一般要服从于景观环境，创造特有情调。如：爬山蹬道多采用条石或块石铺装，滨水游路常用卵石或砂石铺装等。

扬州个园入口园道

扬州个园道路铺装

苏州拥翠山庄假山蹬道

上海豫园璧山蹬道

江苏苏州拥翠山庄蹬道

扬州寄啸山庄池边铺地

上海松江醉白池块石园道

苏州拙政园路面图案

苏州拙政园海棠春坞花街铺地

十八、小品

　　园林小品一般是指内部空间不明显的小型建构筑物和艺术装饰，具有造型精美、结构灵巧、形象多样、趣味生动等特点，能优雅地装点园林空间，达到"景到随机"的效果。尤其是一些独具观赏价值和使用功能的建筑小品和雕饰物，广泛用于点缀园景和丰富游赏空间，如牌坊、门楼、照壁、花窗、花架、花坛、花盆、栏杆、桌凳、经幢、景石、雕刻、灯具、标识等，景观生动精彩。

　　中国传统造园重在表达"亲和自然、享受人生"的美学理念，致力创造富有特色的"吉祥文化"空间。如苏州耦园"山水间"水阁的落地罩为全幅透雕"松竹梅岁寒三友"，相传是明代遗存的工艺品。中国古典园林里的庭院家具多以古朴的石凳、石桌、砖面桌之类为主。北京故宫乾

扬州瘦西湖景门花窗

佛山祖庙灰塑屋脊

隆花园的"古华轩"，伴古楸树而建，四面开敞，不施粉彩，全部楠木本色，楹联上书"明月清风无尽藏，长楸古柏是佳朋"。

中国古典园林中广泛运用的漏窗花饰，已成为中国园林艺术的标志符号之一。漏窗高度一般在1.5米左右，与人眼视线相平，透过漏窗可隐约看到窗外景物，取得"似隔非隔"、"小中见大"的赏景效果。《园冶》中列举有16种精巧细致的漏窗形式，如方、圆、六角、扇形、菱形、花形等，窗内花纹有连钱、竹节、海棠等式样。漏窗内的花纹图案多用瓦片、薄砖、木竹等材料制作，有套方、曲尺、回文、万字、冰纹等。漏窗自身成景，窗内窗外之景又互相因借，隔墙的山水亭台、花草树木，透过漏窗，或隐约可见，或明朗入目，倘移步看景，则画面更是变化多端，目不暇接。

运用自然石叠置的花台，在中国古典园林里应用较多。其叠石章法较叠山简化，仅用山石自然地叠置于周边，中间蓄土以种植花木。在狭小的庭园或较大宅园的厅堂等建筑前后，常用叠石花台来表达山林环境的趣味。

中国传统造园中的小品装饰，承载着大量淳厚的传统文化信息，蕴含着中国古代哲理观念、文化意识和审美情趣，并在制作工艺上带有一定的时代痕迹，具有很高的学术、艺术和文物价值。

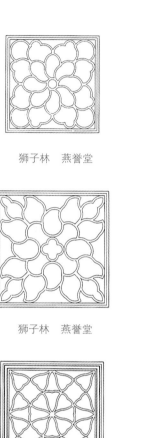

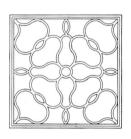

狮子林　燕誉堂　　　　　　　　　　狮子林　小方厅

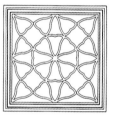

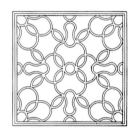

狮子林　燕誉堂　　　　　　　　　　狮子林　燕誉堂

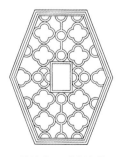

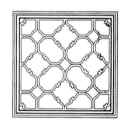

留园　古木交柯　　　　　　　　　　留园　古木交柯

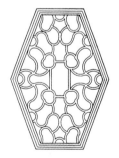

沧浪亭　瑶华境界　　　　　　　　　沧浪亭　瑶华境界

苏州园林漏窗图样一

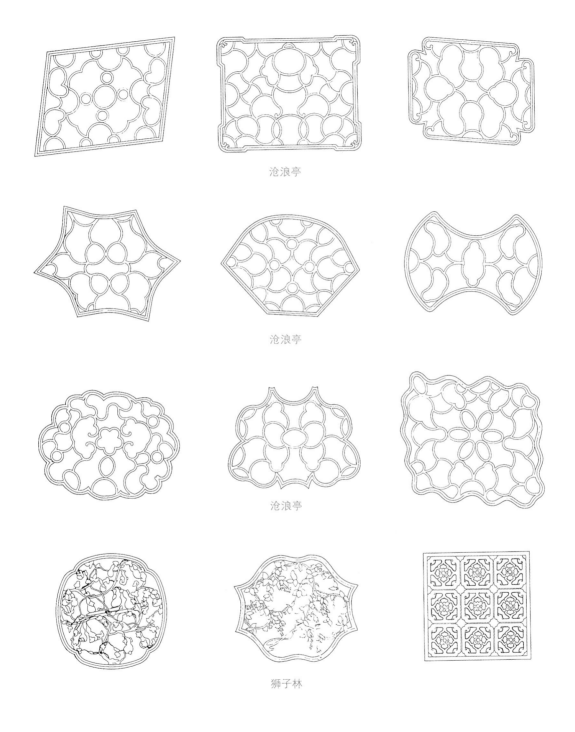

沧浪亭

沧浪亭

沧浪亭

狮子林

苏州园林漏窗图样二

苏州拙政园花窗

苏州耦园石笋花窗

苏州留园瓶饰漏窗

番禺余荫山房彩玻花窗

顺德清晖园门联花窗

扬州片石山房自然式花台

承德普陀宗乘之庙五塔门楼

上海豫园墙脊龙饰

番禺余荫山房花台

扬州园林砖雕

北京圆明园石雕花饰

北京故宫御花园栏杆雕饰

北京北海九龙壁

上海豫园洞门置石

扬州何园落地花罩与假山对景

扬州个园"冬山"

扬州何园池岸置石装饰

北京颐和园后湖门楼

顺德清晖园门标

扬州个园水池假山

上海松江醉白池块石园道

台北板桥林家花园"拾级"塑山

番禺余荫山房花罩假山

上海豫园建筑基础山石装饰

番禺余荫山房英石假山"斗洞"

苏州网师园门楼砖雕

北京圆明园西洋楼乐台

北京颐和园昆明湖畔铜牛

第三节　诗画意境

古扇中的山水诗画

从美学上讲，意境是一种情景交融的审美意象及其所激发的精神愉悦。中国传统园林建筑的营造意境，是追求人与自然高度和谐的审美情趣。造园家通过"景以境出"的造园手法，注入"诗情画意"的文化内涵，寓情于景，借景抒情，情景交融，达到"虽由人作、宛自天开"的审美境界。

中国传统造园的主题构思，一般都来自造园家对某种自然山水景观的艺术感悟，有着比较明确的文学意象。然后，相地立基、布局建筑、造

苏州拙政园雪香云蔚亭对联题匾

山理水、种植花木、赋诗题名，创作出园景主题所要求的艺术环境，使人在游赏中能通过园景形象而领会到如诗如画的造园意境。这些景题与园林建筑的营造要素相结合，诠释园景形象的创作意念和审美情趣，古雅而生动，已成为中国传统园林艺术的重要内容。

在园林建筑上注入诗文题咏，多用匾额和楹联。其中，悬置于门楣之上的题字牌，横置为"匾"，竖悬为"额"；两侧门柱上的竖牌称作"楹联"。在风景园林的山水环境里，也有将景题刻于石上，形成摩崖石刻。这些诗文景题，或记事，或写景，或言志，或抒情，都是为了精炼地表达造园思想和最佳游赏情境。

例如：苏州网师园，题名"网师"，寓意"渔夫"，暗含"江湖归隐"之意。因此，全园以水景为主题统筹布局园景要素，堂榭亭轩、山石岩洞、树木花草、鸣禽游鱼等均围绕着"渔隐"主题设置。园中著名的"月到风来亭"坐落于彩霞池西，三面环水，取意宋人邵雍诗句"月到天心处，风来水面时"。亭东二柱上挂有清代文人何绍基题联：

苏州环秀山庄问泉亭

"园林到日酒初熟，庭户开时月正圆"。清新雅意，跃然亭中。

　　苏州环秀山庄，在主景湖石山的山阴阜地小潭旁，设有一处方亭，题作"半潭秋水一房山"，巧妙地将山水、建筑及植物景观整合在一个诗意盎然的主题思想之中。造园的意境，也由此得以升华和表达。

　　苏州拙政园中的绣绮亭名引自杜甫诗句"绣绮相展转，琳琅愈青荧"；宜两亭名引自白居易诗句"明日好同三更夜，绿杨宜作两家春"，借喻该亭借景两园之胜；远香堂借用周敦颐《爱莲说》中"香远益清"的高尚气韵；留听阁则取李商隐诗中"留得残荷听雨声"的风雅意境。园中"香洲"楼船为明代著名画家文徵明题名，耐人寻味，发思古之幽情。

　　中国传统园林中的诗文景题能像画龙点睛一般，使园中的山池馆榭、亭台楼阁又增添许多情趣。恰如清代大文学家曹雪芹在《红楼梦》书中借园主贾政之口对大观园题咏一事所发的议论："⋯⋯偌大景致，若干亭榭，无字标题，任是花柳山水，也断不能生色"。可见，中国古典园林中的诗文题咏与景观建筑结合在一起，能够恰到

苏州网师园"云窟"月洞门

好处地点出园景创作的主题，给人以富于诗意的美感。一个好的园景题名，常可使园景的气韵陡增。如承德避暑山庄的"锤峰落照"、"云帆月舫"，苏州环秀山庄的"问泉亭"等。

中国传统园林建筑的诗画意境，大大升华了园林艺术的审美高度，通过诗文题名、匾额题咏、楹联作对的画龙点睛，有效地引导观赏者展开联想，审美情思油然而生。例如：

苏州拙政园湖山上的"雪香云蔚亭"，环植梅树，气韵高雅，令人倍增踏雪寻梅的诗意；亭柱上的对联"蝉噪林愈静，鸟鸣山更幽"及匾额"山花野鸟之间"，进一步开拓了山林野趣的审美意境。再加上这些文字出于明代才子文徵明手笔，更增添了几分文采风流。

昆明大观楼

苏州沧浪亭竹林中的建筑题名"翠玲珑"，对联题咏"风篁类长笛，流水当鸣琴"，顿然加深了超越竹林景观之外的隐逸之境。镌刻在沧浪亭石柱上的名联"清风明月本无价，近水远山皆有情"，是清末著名学者、书法家俞樾为之书写，意境超凡脱俗。

北京颐和园中谐趣园的饮绿亭，有对联曰："云移溪树侵书幌，风送岩泉润墨池"，恰到好处地点出了园居读书的意境。故宫御花园内的绛雪轩，因轩前植有五株海棠而得名，春日花开，落英缤纷如同绛雪，"花与香风并入帘"。

位于江苏镇江焦山上的别峰庵郑板桥读书处，小屋三间，竹树掩映，题有门联："室雅无须大，花香不在多"，为小斋闲庭增添了简朴幽雅的意境，令人回味无穷。

中国古代的名山大川、风景胜境，凡景观绝佳处的点景建筑都少不了点缀诗意盎然的名文名联名匾。如湖南洞庭湖畔的岳阳楼，楼内刻有宋

昆明大观楼

三百里滇池奔來眼底披襟岸幘喜茫茫空闊無邊看東驤神駿西翥靈儀北走蜿蜒南翔縞素高人韻士何妨選勝登臨趁蟹嶼螺洲梳裹就風鬟霧鬢更蘋天葦地點綴些翠羽丹霞莫孤負四圍香稻萬頃晴沙九夏芙蓉三春楊柳

昆明孫髯翁先生舊句

數千年往事注到心頭把酒凌虛歎滾滾英雄誰在想漢習樓船唐標鐵柱宋揮玉斧元跨革囊偉烈豐功費盡移山心力儘珠簾畫棟卷不及暮雨朝雲便斷碣殘碑都付與蒼煙落照只贏得幾杵疏鐘半江漁火兩行秋雁一枕清霜

光緒十四年戊子春正月二日 西林岑毓英重立

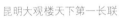

昆明大观楼天下第一长联

扬州瘦西湖竹里馆柱联题匾

贵阳甲秀楼

代文人范仲淹所作《岳阳楼记》，描绘了洞庭湖的壮美风光："衔远山，吞长江，浩浩汤汤，横无际涯；朝晖夕阴，气象万千；此则岳阳楼之大观也。"楼映文采，著称于世。昆明滇池边的大观楼，门联为清代名士孙髯翁撰写的180字"古今第一长联"，状景写情，咏叹兴衰，气势磅礴，蔚为大观，堪称一绝。

总之，中国传统园林建筑通过运用文学语汇所表现出的优美诗画意境，极大拓展了建筑的审美空间环境，令人在触景生情的联动遐想中，更深刻地体会园林艺术的美学价值。这也正是中西方传统园林建筑在艺术风格上的重要区别。

顺德清晖园楹联门标

第四章
中国传统园林建筑传承发展

第一节　风格延续

第二节　工艺创新

第三节　海外传播

第一节　风格延续

　　中国是一个具有五千年文化传承的文明古国，风景园林是中华传统文化的瑰宝之一，营造历史源远流长，艺术成就誉满全球。进入近现代以后，尽管受到西方国家外来文化的强烈冲击和影响，使中国园林的功能和形式等都发生了很大的变化，但中国传统园林建筑的基本风格不仅没有退化、消失，而是以新的存在方式在城乡住区和公共游憩空间建设等方面继续得以传承和发展。

　　近几十年来，中国城乡风景园林建设取得了巨大成就，营造了大批仿古型园林建筑，在创造游憩空间、装点园林景观、传承历史文脉等方面发挥了十分重要的作用。所谓"仿古"，就是仿照古代园林建筑所用的材料、工艺和建筑形制进行建造。仿古型园林建筑能够较好地传承中国传统园林建筑营造形式与风格神韵，表现风景园林作品的民族文化气质，为中国广大民众所喜闻乐见，因而被广泛用于古代园林遗址修复、重点风

泉州清源山入口牌坊

南宁五象公园五象塔

景名胜区景点建筑保护修缮、特定主题景区（公园）建设等领域，如武汉黄鹤楼、南昌滕王阁的修复重建等。同时，仿古型园林建筑在现代城市公园和旅游景区建设中也运用较多，营造了一些特色景点，如杭州花港观鱼公园、北京陶然亭公园、珠海圆明新园和昆明世博园等。

根据不同的营造环境和功能需求，仿古型园林建筑展现出多姿多彩的表现形式，大致可归纳为原样重建、意象复原和名景再造三种类型。

一、原样重建

此类园林建筑能够较好地还原历史风貌，主要用于历史名园修复和园林遗迹重建，一般要求有精确严格的现场测绘、摄影资料和完整深入的营造历史及制作工艺考证。尽管在现场设计与施工过程中也会有一定的即兴创作成分，但尽可能做到"忠实原作、修旧如旧"，这是此类园林建筑必须遵循的基本营造准则。例如全国重点文物保护单位东莞可园，几十年来严格做到了原样保护，修旧如旧。现存的江南古典园林中，有不少是原样重建的杰作，如扬州片石山房和南京瞻园。

扬州名园片石山房园景

扬州名园片石山房入口景墙

  扬州片石山房位于扬州城南花园巷,又名"双槐园",园景以湖石著称。园内假山传为著名画家石涛所叠的"人间孤本",采用下屋上峰的处理手法,结构别具一格。

  石涛(1642~约1707年),姓朱,字石涛,又号苦瓜和尚,是明朝末代王孙,出生后不久明朝便灭亡了。为逃避清廷迫害,他和哥哥在明皇室内宫的安排下出家做了和尚。片石山房于1989年原样修复,门楣上的"片石山房"匾额系移用石涛墨迹。全园设计以石涛画稿为蓝本,顺自然

南京瞻园假山

之理，行自然之趣，表现了石涛诗中"四边水色茫无际，别有寻思不在鱼。莫谓池中天地小，卷舒收放卓然庐"的意境。

步入片石山房，门厅有滴泉，形成"注雨观瀑"之景。南岸三间水榭别具匠心，与假山主峰遥遥相对。西室建有半壁书屋，石涛曾写过一首诗："白云迷古洞，流水心瘦然。半壁好书屋，知是隐真仙"。中室涌趵泉伴有琴桌，琴声幽幽，泉水潺潺；东室有古槐树根棋台，抬头可见一竹石图，形成琴棋书画一体的建筑风格。

南京瞻园位于瞻园路 208 号，又称大明王府。明朝初年，朱元璋因念功臣徐达"未有宁居"，特给中山王徐达建成了这所府邸花园。清初改为江宁布政使司衙门，乾隆皇帝南巡时，曾两度到瞻园游览，并亲笔题写了"瞻园"匾额。现仍留存的石矶及紫藤，距今已有 600 多年历史。1853 年太平天国定都南京后，这里先后为东王杨秀清和夏官副丞相赖汉英的王府花园。清同治三年（1864 年）太平天国天京保卫战，该园毁于兵燹。同治、光绪年间两次重修，但园景远不及旧观。

1960 年，东南大学著名古建专家刘敦桢教授主持瞻园的恢复整建工作，不仅保留了原有的格局特点，而且还充分地运用了苏州古典园林的研究成果，推陈出新，创造性地继承和发展了我国优秀的造园艺术。瞻园面积约 2 公顷，有大小景点 20 余处，布局典雅精致。园内有宏伟壮观的明清古建筑群，陡峭峻拔的假山，闻名遐迩的北宋太湖石，清幽素雅的楼榭亭台，深院回廊，奇峰叠嶂，小桥流水，四季花香，仿佛世外桃源。

南京瞻园假山石桥

珠海圆明新园福海景区

珠海圆明新园西洋楼景区

二、意象复原

中国古代营造的大量名园胜景，除了少部分能以实物形态流传至今外，绝大部分都湮没在漫漫历史长河之中，后人仅能从小说、游记、散文、评述等文学作品中窥其风貌。例如，清代伟大的文学家曹雪芹在小说《红楼梦》中描绘的"贾府大观园"，就是极为精彩的造园艺术作品。近30年来，我国的园林专家和文史学者合作，从《红楼梦》小说所展现的大观园意象图景中抽象提炼，分别在北京、上海和南京复原建造了3处风格不同的"大观园"。

北京大观园建于1984年，位于西城区南菜园护城河畔。园内有40余处建筑景点，如曲径通幽、怡红院、潇湘馆、顾恩思义殿等。亭台楼榭、佛庵庭院，繁花名木、鹤鸣鹿啼，雅中有俗，静中寓动。"曲径通幽"是正迎南门的太湖石假山，寓意"开门见山"特色，贾宝玉取唐诗"曲径通幽处，禅房花木深"而题名，艺术地表现了"藏景"手法。怡红院是贾宝玉的住所，悬"怡红快绿"匾额。"红"暗寓门前西侧的西府海棠，"绿"指东侧的芭蕉，是园中景观最为华丽的院落。潇湘馆是林黛玉的住所，书房建筑外观为斑竹制作。"斑竹一支千滴泪"，正适合"潇湘妃子"以泪洗面、多愁善感的性格。顾恩思义殿是大观园主景，元妃省亲活动的主要场所，建有玉石牌坊高8米、宽11米，宏伟瑰丽，正殿后为大观楼及东西配楼，整个院落充满了皇家园林华贵的气派。

上海大观园位于淀山湖的东岸，分东、西两大景区，1981年动工，1988年完成。东部景区以上海民族文化村、梅花园、桂花园为主要景观。西部景区是根据《红楼梦》作者曹雪芹笔意，运用中国传统园林艺术手法建成的"大观园"。园中有大观楼、怡红院、潇湘馆、蘅芜苑、栊翠庵、梨香院、稻香村、秋爽斋、蓼凤轩、暖香坞、藕香榭、紫菱洲、凹晶馆、沁芳桥等20多个园林建筑群，陈列有精美的红木家具、青铜古器、玉器、瓷器等，颇具特色。

南京大观园实名为"江宁织造府"，位于南京市中心的玄武区长江路123号，2013年5月1日对外开放游览。据史料记载，曹雪芹于康熙五十四年（1715年）诞生于此。清朝康熙皇帝6次下江南，有4次就住在江宁织造府内。康熙二年（1663年），曹雪芹的曾祖父曹玺被康熙从北京派遣到南京任江宁织造，以后历经祖父、伯父、父辈，先后达65年。据考证，《红楼梦》中描绘的大观园就是以江宁织造府的私家园林为原型。为恢复江宁织造府（大观园）的原貌，南京市政府2006年后投入巨资重建，由著名学者、清华大学吴良镛院士领衔设计。园内主要景点有曹雪芹诞生处、曹雪芹故居陈列馆和现场织造云锦博物馆，并配置专门的研究机构——红楼梦文学馆。

此外，传统园林建筑的意象复原还包括一些根据古代名画意境创作的仿古园林建筑景区，如河南开封市依照北宋名画《清明上河图》场景演绎建造的主题公园——清明上河园。

南京江宁织造府花园

三、名景再造

这里所称的"名景",主要指以风景园林建筑为主体而形成的著名风景资源。建设部发布的《风景名胜区管理暂行条例实施办法》(1987 年)指出:"风景资源指具有观赏、文化或科学价值的山河、湖海、地貌、森林、动植物、化石、特殊地质、天文气象等自然景物和文物古迹、纪念地、历史遗址、园林、建筑、工程设施等人文景物以及它们所处的环境与风土人情"。联合国教科文组织《世界文化遗产保护公约》(1972 年)中规定:文化遗产的范围包括凡从历史学、艺术或科学观点看来具有杰出普世价值的建筑作品,具有历史纪念意义的雕塑和绘画,具有考古价值的古迹残部或结构、铭文、穴居和遗迹群以及从历史学、艺术或科学或人类学观点看来具有杰出普世价值的人工创作或自然与人工结合之创作,及保留有古迹之地区。如杭州"西湖十景"中的

"断桥残雪"、"曲院风荷"、"花港观鱼"、"南屏晚钟"、"雷峰夕照"景区,扬州瘦西湖园林建筑及古代中国四大名楼(湖南岳阳楼、武汉黄鹤楼、南昌滕王阁及山东蓬莱阁)等,都是十分珍贵的风景园林遗产。然而,由于历史上的战乱、天灾等因素的破坏,有不少名楼胜景遭到破坏,仅存遗址或遗迹,令后人在追思之余也感到无限惋惜。

新中国成立 66 年来,国家和地方政府对风景园林遗产和文物保护工作高度重视,投入了巨大的人力、物力、财力,取得了丰硕成果。一些古代名园胜景得以按传统式样恢复重建,再现了当年的无限风光。

例如,号称江南三大名楼之一的"黄鹤楼",原址在湖北武昌蛇山黄鹤矶头,相传始建于三国吴黄武二年(223 年),1700 多年来屡建屡毁,最后一次毁于清光绪十年(1884 年)大火。据古

杭州西湖曲院风荷

杭州西湖白堤断桥

籍《极恩录》记载，黄鹤楼原为辛氏开设的酒楼，一道士为了感谢她千杯之恩，临行前在壁上画了一只鹤，告之它能下来起舞助兴。从此宾客盈门，生意兴隆。过了 10 年，道士复来，取笛吹奏，竟跨上黄鹤直上云天。为感谢帮她致富的仙翁，辛氏就地起楼，取名"黄鹤楼"，后来逐渐成为文人荟萃，宴客、会友、吟诗、赏景的游览胜地。历代名人如崔颢、李白、白居易、贾岛、夏竦、陆游等都曾先后到这里游览，吟诗作赋。1957 年修建武汉长江大桥武昌引桥时，占用了黄鹤楼旧址，如今重建的黄鹤楼在距旧址约 1000 米左右

的蛇山峰岭上。楼共 5 层，高 50.4 米，攒尖顶，层层飞檐，四望如一。主楼周围还建有胜象宝塔、碑廊、山门等景观建筑。

今天的黄鹤楼具有独特的民族建筑风格。楼内正中藻井高达 10 多米，正面壁上为一幅巨大的"白云黄鹤"陶瓷壁画，两旁立柱上悬挂着长达 7 米的对联："爽气西来，云雾扫开天地撼；大江东去，波涛洗净古今愁"。二楼大厅正面墙上有用大理石镌刻的唐代阎伯谨所撰的《黄鹤楼记》，记述黄鹤楼兴废沿革和名人轶事。两侧有壁画两幅，一是"孙权筑城"，另一是"周瑜设

武汉黄鹤楼中庭瓷砖壁画

武汉黄鹤楼正立面

武汉黄鹤楼璀璨夜景

杭州西湖雷峰夕照景区雷峰塔

宴"。三楼大厅壁画为唐宋名人"绣像画",如崔颢、李白、白居易等,摘录了他们吟咏黄鹤楼的名篇诗句。顶层大厅有《长江万里图》等长卷壁画。登楼举目四望,长江两岸景色奔来眼底,令人无比心旷神怡。

1300多年前唐代大诗人王勃所作的《滕王阁序》,使滕王阁名传千古。然而。历史上的滕王阁兴毁高达28次,最后于1926年毁于兵灾,

仅存一块"滕王阁"青石匾。经过江西南昌市政府和市民多年努力,滕王阁终于在1989年重阳节重新矗立于赣江之滨。它根据中国古建筑大师梁思成先生1942年所绘草图,参照"天籁阁"所藏宋画《滕王阁》而重新设计。主楼9层,净高57.5米,建筑面积1.5万平方米。下方11米高的大台座象征古城墙,台座之上取"明三暗七"的楼阁形制,两翼为对称的高台,上部设游廊,

南端为"压江亭"、北端为"挹翠亭"、整体建筑丹柱碧瓦，画栋飞檐，斗栱层叠，门窗剔透，立面仿佛倚天耸立的"山"字，平面则如展翅欲飞的鲲鹏。正门长联"落霞与孤鹜齐飞，秋水共长天一色"为一代伟人毛泽东主席手书。登阁纵览，长天万里，南浦飞云，西山横翠，春花秋月，美景无限。

同类实例，还有杭州西湖十景之一的"雷峰夕照"。西湖边夕照山上那座始建于公元977年吴越时期、承载了许多动人历史故事的雷峰塔，于1924年倒塌。1999年7月，浙江省委、省政府作出了重建雷峰塔、恢复"雷峰夕照"景观的决定。经过各界专家和能工巧匠的努力，终于在2012年12月重建的雷峰塔建成开放。名景再造，瑞象重明，雷峰塔为杭州西湖作为文化景观列入世界文化遗产名录又增添了一笔光彩！

杭州西湖雷峰夕照景区照壁

第二节　工艺创新

所谓"新"是相对于传统的"旧"而言。传统园林建筑的工艺创新，主要体现在建筑理念、建造方法、建筑材料及建筑风格等方面在保持传统风格基础上的改良与创造。

在西方现代工业化发展之前，人类所有工艺技术的鲜明特征就是本着"因地取材、因材适用"原则，利用现有环境的各种条件，使用简单的工具。就园林建筑的传统材料而言，一般取自天然或是经简单加工的石、木、土、灰、砖等；就传统建筑工具而言，也往往以天然材料简单制作为主，如木器、铁器、绳索等。

无锡鼋头渚太湖绝佳处景区入口

近代以来，以欧美国家为代表的现代工业化开拓了人类的创造力，衍生出多姿多彩的思想火花，使得人类的衣食住行方式发生了根本性的变化，建筑产业则催生了以钢筋混凝土技术、钢结构技术为代表的现代建筑技术体系。这些现代化的建筑技术与设计思维传入中国之后，与中国固

有的传统建筑技术体系必然产生碰撞。以规范、标准、量化为特征的现代建筑质量监控与评价体系，以安全、适用、美观为中心的建筑设计思维方法，对中国传统建筑营造技术与设计方法产生了巨大影响。

中国传统木构建筑的建筑与结构之分不像现代建筑那样明显，传统木构建筑基本没有作结构计算。现代建筑结构计算的基本原则是采用最适合的材料、以最节省的尺寸、最大限度地发挥建筑材料的承受力。中国传统木构建筑由于缺乏精准的计算，用材显得比较盲目。宋代《营造法式》里以一个栱的高度为一"材"，栱与栱之间的距离为一"栔"，"材"高为15分，10分为其厚，"栔"为6分，梁栿为30分。实际上是取建筑的基本构件"栱"为等级单位，其他受力构件则按固定的比例确定，即所谓"材分八等"，规定了从皇家宫殿到低级官宦单体建筑的等级规模。严格来说，这些法式只规定了建筑的大小等级，较少考虑受力构件的长度、跨度等力学因素，对于形体复杂的建筑少有涵盖，结果使大部分建筑构件尺寸远大于实际的受力度。由于中国传统建筑的受力材料以天然木材为主，一般很难找到较大规格的天然木材，故实际做法多为用小尺寸木材重复叠加，使传统木结构建筑呈现出层层叠落的斗栱及重重交织的梁枋形式。此外，传统建筑营造多采用以木工大师傅为主导，其他工种从属配合的施工方法，建筑质量完全靠匠师的行为自律。而现代园林建筑是以设计师和工程师为主导展开施工、外加有工程监理和质量控制体系的保障，并逐步实现了量化管理。

新技术、新材料的大量运用，催生了"新中式园林建筑"的日益普及。不仅传统木构园林建筑已大量被钢筋混凝土结构及仿木、仿竹、仿石等材料表面处理技术所替代，而且还涌现出一批运用现代钢结构技术仿木构建筑形式的创新性作品，大大拓展了传统园林建筑的艺术表现形式和功能适应范围，使祖国大地的风景园林景观增添了许多精彩的建筑形象。如第6届中国国际园林花卉博览会（2007年）厦门展园——嘉园和第10届中国国际园林花卉博览会（2015年）福建省泉

2007年第6届中国国际园林花卉博览会之嘉园水榭

2007年第6届中国国际园林花卉博览会之嘉园展厅室内陈设

2007 年第 6 届中国国际园林花卉博览会之嘉园入口建筑

2015 年第 10 届中国国际园林花卉博览会之泉山野茗园入口

2015 年第 10 届中国国际园林花卉博览会之泉山野茗园景墙

2015 年第 10 届中国国际园林花卉博览会之泉山野茗园

州展园——泉山野茗，均以清新独特的创意和简洁洗练的手法，完美演绎了传统园林建筑形式与现代审美趣味之间的平衡互补，相映成趣，受到游客与专家的广泛赞誉。

创新运用现代技术在风景名胜区里营造景观风格独具的传统建筑近年来也有不少佳作，如采用钢结构与传统工艺相结合设计建造的福建宁德太姥山风景区"一片瓦"古寺悬空金殿，2012年荣获了中国民族建筑保护传承创新奖。

此外，随着中国改革开放进程的深入，近30年来综合国力和民族自信大大增强，涌现出一批含蓄秀美的"新中式风格"的园林建筑。它们以当代景观设计语言表现传统中国园林建筑的精神内涵，将现代艺术观念与传统造型元素有机结合，用现代人的功能需求和审美爱好来打造富有传统韵味的建筑景观，使传统园林艺术在当今社会得到合适体现。

新中式风格园林建筑是对中国古典园林营造手法的提炼与创新，也是对传统园林艺术精华与时俱进的表达。其内容主要包括两个方面：一是中国传统园林建筑文化意义在现代背景下的重组演绎，二是对中国传统园林艺术充分理解基础上

宁德太姥山风景区"一片瓦"古寺悬空金殿远眺

宁德太姥山风景区一片瓦寺悬空金殿近景

的当代设计。新中式风格提倡学习、使用传统造园手法，运用具有中国传统韵味的色彩和图案符号，通过营造富有意境的植物空间打造具有中国韵味的现代景观空间，展现"轻盈、雅致、秀丽"的传统园林建筑风格和"情、趣、神兼备"的园林审美意境。它既保留了传统文化精神，又体现了时代进步特色，突破了中国传统园林建筑沉稳有余、活泼不足等问题，受到中国人民的普遍喜爱。

例如，深圳万科第五园运用现代手法创作出"街－巷－院－家"层层递进的空间秩序，形成了中国特有的邻里交往空间。全园建筑设计借鉴中国传统民居建筑符号（安徽马头墙、云南"一颗印"、江南"四水归堂"等），运用清新素雅的灰白色彩，配植富有中国文化气息的竹子、芭蕉、菖蒲等植物，为园区的新中式景观风格深深地打上了中国特色的烙印。

万科第五园之水街景观

万科第五园之水院景观

万科第五园之庭园景观

第三节　海外传播

作为一种人类对自然化生活空间的需求而产生的游憩生活境域营造活动，园林建筑发展具有全球范围的普遍性。中国传统园林建筑以其悠久的历史文化和精湛的造园艺术自成体系，在世界园林史上独树一帜，并通过各种渠道的海外传播交流对世界园林艺术的演化产生了一定的影响。

纵观世界各国的园林营造艺术风格，大致可归纳为东方和西方两大体系。东方园林艺术以中国园林为代表，通过模拟自然趣味，营造幻境般理想的自然化游憩生活空间；西方园林艺术则以欧洲园林为代表，通过整理自然要素，使之井然有序来满足人类生活对自然空间的需求。随着历史发展和科学进步，东、西方园林艺术体系在发展过程中也有不少信息和技术的交流，出现了许多相互渗透、影响甚至融合的情况。例如：从 17 世纪下半叶起，一些游历中国的欧洲商人和传教士把中国园林建筑艺术传到西方社会。如英国皇家建筑师钱伯斯（William Chambers）在两度游历了中国之后，著文盛赞中国园林艺术，并在他所主持的英国皇家植物园（邱园）设

新加坡植物园之英中式凉亭

计中运用了中国式的亭、塔、桥等构景元素。在他的影响下，还产生了所谓"英中式园林"流派，在18～19世纪曾风靡欧洲及英属殖民地国家，至今仍有影响。

一、传播亚洲

中国传统园林建筑很早就与周边国家有所交流，不仅朝鲜半岛、越南、缅甸等国家受到影响，隔海相邻的东瀛岛国——日本也较多地借鉴了中国古代造园艺术与技术成就。

例如，唐朝时朝鲜半岛就全面吸收包括园林在内的盛唐文化。在韩国现存的古代园林中，清晰可见中国唐代园林布局和建筑风格的痕迹：人工开凿的大型水体，池中置三岛，与中国传统的"一池三山"造园手法一脉相承。韩国古园林中的建筑风格，既融合朝鲜民族的建筑形式，又与中国唐代建筑颇为相似。建筑屋顶坡面缓和，屋脊两端和檐端四周高昂起翘，曲线柔美，门窗比

例窄长，使屋身有高起之势。屋顶出檐很长，檐下产生很深的阴影，使整个建筑产生鲜明的立体感。屋顶多为歇山式，铺以灰黑色筒瓦，暗红的柱，衬以绿色窗棂，色彩柔和端庄，特别是建筑立面有技巧地部分使用白色，使之整体造型效果渐淡渐灰，不显过度艳丽，较为质朴含蓄。中国唐代建筑的一些显著特征，如有力的斗栱、巨大的出檐、弯曲的屋脊、上细下粗的棱柱等，在韩国的古园林中常能见到。这些事实表明，韩国古代园林建筑在很大程度上是吸收了中国唐代建筑的艺术形式和营造技术。首都首尔的古代皇宫——景福宫，主体建筑为"勤政殿"，重檐歇山顶，西北方向有一方池，池中砌有三台，最大的台上建有庆会楼，另外两个台上栽植树木。景福宫中的御花园内有方形水池，建一亭名为"香远"，取汉文化中"香远益清"之意，入夏池内盛开荷花。对比中国西安兴庆宫的"勤政务本楼"和苏州拙政园的"远香堂"，有"异曲同工"之妙。

越南首都河内西湖（又称金牛湖），面积约

韩国首尔的听雨亭

韩国首尔的绿吟亭

韩国首尔的环碧楼

500公顷，自古有"剑湖烟水西湖月"之美称。早在李氏王朝定都河内（升龙）时，西湖成为著名游览胜地，号称"河内第一名胜"。西湖畔栽植桃花久负盛名，每当春天赏花时节，游人如织。西湖周围有不少历代王朝陆续修建的寺庙、宫殿，至今仍有镇武观、镇国寺、金莲寺等古迹留存，其中一些园林建筑形象与中国传统园林建筑十分相似。

宋、明两代，中国山水画家的作品被摹成日本水墨画用作营造庭园的图稿。日本造园家模拟画意，通过石组手法来布置茶庭和枯山水。如日本室町时代的相阿弥和江户时代的小堀远州，把造庭艺术精炼到极其简洁的阶段而赋予象征性的抽象表现，超蜕了中国山水画的影响而进入"青出于蓝"的境界。明朝末年，与小堀远州同期的中国造园家计成工诗能画，把造园实践经验写成《园冶》一书，于明崇祯七年（1634年）付印。此书传入日本之后，被称为《夺天工》，业界评价极高。最为意味深长的是，日本古代庭园的园名、建筑物和配景的标题，都采用古汉语来表达其风雅根源，可见受中国园林艺术的影响之大。

越南河内西湖风景区独柱寺

随着中国文化的全面东渡，中国的造园技艺也被直接介绍到日本。在当时日本的造园活动中，除"蓬岛神山"、"净土世界"等形制外，还有模仿中国园林建筑的作品出现。如在平安时代模仿唐长安城规划建造的平安京城及宫苑中，就有取意周文王灵囿而创作的禁苑"神泉苑"。

中国寺庙园林造园艺术中的"佛教趣味"，也在公元7～8世纪之交传到日本。佛教思想对于日本古典园林的创作影响之深远，似乎更甚于在中国，产生了所谓"须弥山"、"九山八海石"

之类的造园手法。在日本园林中，佛教影响的具体化大约发生在平安时代中期 (10 ~ 11 世纪中叶)。如毛樾寺庭园，就是此类"净土园林"的典例。

中国园林艺术中讲究"意境"的创作手法，对日本园林也有相当的影响。镰仓时代 (1186 ~ 1333 年)，禅宗及宋儒理学传入日本之后，很快就被当权者"武家"所利用，得到迅速发展。镰仓与室町时代 (1334 ~ 1573 年) 是日本造园史上的发展高潮，禅僧们最喜欢传诵的是苏东坡充满禅意自然观的诗句，如"溪声便是广长舌，山色岂非清净身"等 (《东坡禅喜集》)。禅宗及宋

儒理学成为当时日本文学艺术的主导思想。它反映在造园艺术上，不仅是追求园林意境，而且在造园手法上也有显著的表现。如渲染深山幽谷隐居环境的松风、竹籁、流瀑等声响借景处理，象征释迦牟尼、观音、罗汉的石峰点置，效仿摩崖造像的点景处理，普遍使用三尊一组的构图章法。

镰仓时代 (大约相当于南宋至元朝时期)，日本禅僧荣西再度来华留学 4 年。回国时将茶叶和品茗生活习尚带回，孕育了后来室町时代 (约当明朝中叶) 茶道之风及"茶庭"园林的出现。室町时代日本的造园巨匠梦窗国师开始经营天龙

日本东京金阁寺庭园

寺庭园，其中有不少园林景观布置手法深受中国山水画的影响。1467～1469年，日本画家雪舟来中国留学访问，促进了明代中国文化的东渐。当时日本极为活跃的北宗周文派的水墨画，便是师法中国著名山水画家马远、夏圭的笔意，又引入禅宗之观念而别开画境，从而确立了日本水墨山水画的主导画风。这些对当时日本园林营造有直接的影响。此期日本的造园多取法于中国山水画，从其恬适闲逸的绘画意境和在园中修建楼阁之风，可见受中国宋、明绘画艺术影响的痕迹。因此，日本造园艺术中的象征性和抽象性，所谓

"缩三万里程于尺寸"的写意方法，主要是受中国传入的佛教禅宗及宋儒理学思想的影响，培育出"石庭"和"枯山水"等极端写意的园林形式。

明朝末代遗臣朱舜水流亡日本（1665年）后，十多年间都为当时日本朝廷以师礼相事。朱舜水在日本除讲学外，多从事造园活动，著名的诸侯御苑——东京"小石川后乐园"，便是他取《孟子·梁惠王章句》中"贤者而后乐此"之意而创作的。园中有摹写庐山风景的"小庐山"以及师法杭州西湖苏堤、白堤景色的"西湖堤"等园景。他还依照中国江南园林的形制，在园中建造了"圆

日本京都龙山寺庭园

日本京都龙山寺枯山水庭园

月桥",第一次把中国石拱桥技术传入日本。后来,有多个园林争相效仿,如广岛缩景园中的"跨虹桥"(1781～1788年)。

此外,在东南亚的泰国、新加坡、马来西亚等地,中国园林建筑的传播影响也比较普遍,不少华侨和华裔人士营造了传统中式庭园。其造园初衷,既是为弘扬华夏文化,感悟后代,同时也寄托对祖国的思念之情。典型实例如新加坡的裕华园。

裕华园面积13公顷,是采用中国传统皇家园林建筑形制与江南园林造园手法相结合而构成的庭院式花园。园内建筑主要按宋朝宫廷模式而造。花园内布局有许多幽雅别致的小径和桥梁,园门外有护门石狮,寓意吉祥。在湖边建有一座"邀月舫",仿北京颐和园昆明湖畔的清晏舫画意。园中置石多用太湖石,主景石题名为"裕华缘"。裕华园内建有双塔,分别称"披云阁"和"延月楼";另有一座高7层的"入云宝塔"。"蕴秀园"为园中之园,仿苏州古典园林建筑风格建造,收集、展示2000多盆各国盆景。

新加坡裕华园之蕴秀园

新加坡裕华园画舫

新加坡裕华园牌坊

二、传播欧洲

中国传统园林建筑作为一种东方文化的艺术珍品,不仅在亚洲地区声名显赫,而且对欧洲国家的园林发展也产生过一定的影响。汉朝开辟通向西域的"丝绸之路",至唐朝时期已相当繁荣。中国的丝绸、瓷器、漆器、工艺品和茶叶等商品,经中亚、西亚而大量输入欧洲,深受欧洲人的喜爱。到了13世纪的元朝,中国与欧洲的关系更加密切。

欧洲人了解中国园林,始于意大利威尼斯的旅行家马可·波罗(Marco Polo,1254～1324年)。他在中国生活、旅游甚至当官度过了17年。元朝初年,马可·波罗游历过杭州的南宋园林。他在亚洲国家旅行了25年之后,于1295年带了许多东方的故事回到家乡,写成举世闻名的《马可·波罗游记》,向西方人展示迷人的中国文明,大大开阔了欧洲人的视野。

据考证,中国园林艺术正式被介绍到英国,大约始于1685年威廉·坦普尔(William Temple)所著的《关于埃比库拉斯的园林》(Upon the Garden of Epicuras)。书中对欧洲流行的整形式花园与中国自然山水园作了对比和评论,对促进英国自然式园林风格的形成起到一定的作用。1757年,威廉·钱伯斯出版了《中国建筑、家具、服装和器物的设计》(Design of Chinese Buildings, Furniture, Dresses, Machines and Utensils),书中用四分之一篇幅介绍了中国园林,并附有精美插图。钱伯斯是英国苏格兰人,曾在瑞典东印度公司任职期间到中国旅行,回国

后于1761年被英国皇室聘为宫廷建筑师,1782年出任宫廷总建筑师。1772年,他又写了一本《东方园林论》(A Dissertation on Oriental Gardening),着重介绍中国的园林艺术,并极力提倡在英国风景式园林中吸取中国趣味的造园手法。钱伯斯认为当时欧洲的古典主义花园形式"太雕琢,过于不自然,其态度是荒唐的";而英国的自然风景园是"不加选择和品鉴,既枯燥又粗俗";最好是"明智地协调艺术与自然,取双方的长处,这才是一种比较完美的花园"。而这正是中国的园林!他指出:造园作为一种艺术,决不能只限于模仿自然。"花园里的景色应该同一般的自然景色有所区别,就像英雄史诗区别于叙述性的散文"。他提出要提高造园家的文化修养,学习中国的园林艺术,发展英国的自然风景园。由于钱伯斯的特殊身份和地位,其著作对英国自然风景园的发展起到了一定的指导作用。英国早期自然风景园的营造手法比较肤浅,其田园牧场般的景观创作,多是对苏格兰牧场风光的机械复制。中国园林艺术传入英国之后,影响其造园艺术形式逐步走向精炼与概括,提高了艺术水平。

由于英国自然风景园的风格形成受中国园林艺术的影响较大,因而法国人又把它叫做"中国式园林"(Jardin Chinos),或称"英中式园林"(Jar din Anglo-Chinos),在欧洲曾风靡一时。较著名的实例,有伦敦英国皇家植物园——"邱园"(Kew Garden)里的部分景点。1758～1759年间,钱伯斯受皇太后之命对邱园进行了改造设计,在园中添置了许多有中国趣味的景点,建造了高10层的中国塔和孔庙等。

"英中式园林"在流传到法国后，成为一时的造园主流。其主要手法是在田园景象中加入异国情调，包括一些中国式园林建筑形式。当时，有一位德国美学教授赫什菲尔德（Christian Cajuns Lorenz Hirschfield）在其《造园学》（*Theories der Garten-kunst*，1779）著作中曾抱怨："现在的人建造花园，不是依照他自己的想法，或者先前比较高雅的趣味，而只问是不是中国式的或英中式的"。由此可见中国园林艺术对欧洲的影响之大。

不过，当时营造的"英中式园林"在"中国式"的通称下，也包含了一些日本、印度、土耳其等东方国家的艺术内容。"英中式"发展到后期，所谓"中国式"的景观已被欧洲造园家和建筑师们别出心裁地自由发挥，搞得面目全非。例如，亭、廊、桥、塔等中国园林建筑特有形式，有时会被扭曲变形为一种格调庸俗的怪物。当时在法国有这种"中国趣味"建筑物的花园，据埃德贝

美国纽约大都会博物馆兴建的"明轩"景点原型——苏州网师园殿春簃庭院

尔格 (Eleanor Von Erdbrg) 的统计共有 25 个，并载入其著作《欧洲造园中的中国影响》(*Chinese Influence on European Garden Structures*)。同期相关的学术著作还有：1774 年出版的勒路治(Le Rouge) 所著的《英中式园林》(*Jardins Anglo—Chamois*)；1809 年出版的保尔德 (Alexander La borde) 所著的《关于法国新园林及古城堡》(*Description des Nouveaux Jardins de La France er de ses Anciens Ch teaux*)；1876

年出版的库拉夫特(Johann Carl Krafft) 所作的版画《康帕尼府邸》(*Maisons de Compagne*)；1910 年考尔第 (Henri Cordier) 所著的《十八世纪的中国与法国》(*La Chins en France au XV III Si è cle*) 等。

中国传统园林建筑的营造，不仅要求构思巧妙，布局自然，而且讲究工艺精湛，装饰精美。因此，中国古典园林的营造技艺居世界领先水平。中国园林艺术以其自然化的审美趣味、"宛自天

慕尼黑世界园艺博览会"芳华园"

开"的景观布局、清雅幽远的文学意境，深深吸引和感染了欧洲人，并对西方园林艺术的演化产生了持久的影响。从 17～18 世纪至今，有些按照中国风格设计的花园仍保留完好，如德国卡塞尔附近的威廉阜花园，就是德国最大的中国式花园之一。瑞典斯德哥尔摩郊区德劳特宁尔摩的中式园亭，其中的殿、台、廊和水景，纯粹是中国风格。在波兰，国王在华沙的拉赵克御园中也建起了中国式的桥和亭子。在意大利，曾有人特邀英国造园家到罗马，将一庄园内的景区改造成模仿中国园林建筑风格的自然式布局。

三、走向世界

中国传统园林建筑艺术，是中华文化长期积累的结晶。它以总体布局自然变化、景观曲折幽深为特点，将人工美与自然美巧妙地相结合，源于自然，高于自然，达到"虽由人作，宛自天开"的境界，形成中国自然山水园的独特风格，堪称世界上最精美的人居环境空间艺术之一。

近半个世纪来，随着国际会展业的迅速发展，中国传统园林建筑艺术已大踏步走出国门，主动参与国际交流，业绩斐然。如建在美国纽约大都

澳大利亚悉尼谊园入口

澳大利亚悉尼谊园水石回廊

澳大利亚悉尼谊园景墙花窗

美国塞班天宁岛上酒店花园的中国元素

会博物馆的苏州园林标本"明轩",纽约的"听松山庄",加拿大温哥华市"逸园",德国慕尼黑市"芳华园",新加坡的"蕴秀园",澳大利亚悉尼市"谊园",日本淡路市"粤秀园",韩国水原市"粤华园"等。

1999 年,由国际展览局和国际园艺生产者协会主办、中国政府承办的 99 昆明世界园艺博览会盛况空前,极其成功。在 180 天的展期内入园游客人数超过 1000 万,让世界人民领略了中国园林艺术的博大精深。在这次博览会上,中国广东省政府送展的"粤晖园"赢得室外造园综合

竞赛冠军,荣获"最佳展出奖"。

粤晖园是表现中国岭南园林艺术特色的精品之作。其造园立意是营造一个传统岭南园林特色与现代审美情趣相结合的自然山水庭园。全园面积 1518 平方米,巧用地形凿池叠山,以高低错落的水体组景,点缀艺术雕塑,突出园林建筑与亚热带花木的南国风情,充分表现了融汇中西的岭南文化内涵和清雅晖盈的造园意境。园景以水池和船厅为构图中心,临池溪涧和英石假山"琴韵"参照岭南庭园的传统形制,水池塑石坝中嵌有青铜群雕"情溢珠江",表现南粤儿女热爱大

粤晖园主景"情溢珠江"

粤晖园船厅

自然的生活情趣，弧形雕塑墙"六月船歌"再现了珠江三角洲的民俗风情。"枕碧"船厅和"垂缨缀玉"石庭取材于粤中民居的形象语汇，荟萃木雕、石雕、砖雕、陶塑及花卉装饰等民间工艺，精巧秀丽。船厅柱联题曰："粤海风清一船驻景，滇池春暖万卉迎晖"，状物抒情，画龙点睛。

造园如作诗文，必须胸有丘壑、意在笔先，方得佳构。粤晖园以石为门，以船作屋，以南海女儿沐浴珠江为主景，芳草碧树鲜花笑迎春风，人与自然融为一体，形成全园的创作构思特色。

它既是当代园林建筑继承、发扬地域文化传统的杰作，也是中国岭南园林艺术走向世界的重要里程碑。

威尼斯艺术双年展是世界最著名的当代艺术会展，堪称国际艺术界的奥林匹克。2006年9月，威尼斯双年展第10届国际建筑展迎来了首次参展的中国国家馆——瓦园。近30年来，中国作为全球最大建筑工地，一直受到世界人民的关注。设计大师王澍用6万片取自中国城市旧房拆迁回收的老青瓦，构筑了一个全新审美意识的园林建

筑，使之成为一处关于当代建筑文化的沉思与反省之地和建筑师与艺术家的交流空间。

"瓦园"建在威尼斯城处女花园内，建筑面积 800 平方米，主体造型为一块巨大的侧斜瓦顶，最高点离地 3.6 米，沿对角线转折。在大片瓦顶之上，设一条曲折竹桥让人登临其上，远眺及回望威尼斯城景。瓦园以浙江传统竹扎结构为支撑，上覆古色古香的小青瓦，体现了中国本土建造艺术与当代可持续建筑概念的结合。在全球化的喧嚣中，瓦园是个可以让人沉思的地方，从中领悟到"形而上"的哲理，进而在心灵深处升起城市对文化根源的乡愁，持续而深沉。

随着国家综合实力的不断增强，近 10 年来中国已成为举办世界园艺博览会密度最高的国家。自 1999 年成功举办 A1 级的昆明世界园艺博览会之后，又先后举办了 5 届 A2/B1 级的世界园艺博览会，分别是 2006 年沈阳世界园艺博览会、2010 年中国台北国际花卉博览会、2011 年西安世界园艺博览会、2013 年锦州世界园艺博览会、2014 年青岛世界园艺博览会，每届平均参观人数达 1167 万；即将举办的有 2016 年唐山（A2/B1）及 2019 年北京（A1）世界园艺博览会。在这些世界园林园艺盛会上，中国传统园林建筑的设计理念、材料工艺和艺术特色得到广泛传播，营造水平不断创新提升，已成为世界人民了解中国文化的一扇重要窗口。中国传统园林建筑在不断适应时代发展和走向世界的进程中，犹如凤凰涅槃，永葆青春！

粤晖园荣获的室外造园综合竞赛冠军奖杯

2014 年青岛世界园艺博览会北京园

2011 年西安世界园艺博览会标志性主景建筑——长安塔

作者简介

李敏 教授,籍贯福建,1985年和1996年先后毕业于北京林业大学园林学院和清华大学建筑学院,工学博士,国家注册城市规划师;曾师从著名学者汪菊渊院士、孟兆祯院士和吴良镛院士做研究生,并到过美国麻省理工学院(MIT)、瑞士苏黎世理工学院(ETH)、香港大学(HKU)作访问研究。1986~2002年曾先后在北京市园林局、广州城建学院(今广州大学建筑城规学院)、佛山市建设委员会和市城乡规划处、广州市市政园林局、广州市城市绿地系统规划办公室等单位任职;2003年调任华南农业大学风景园林与城市规划系主任,热带园林中心主任,兼任香港大学荣誉教授、广州美术学院客座教授等。现任全国高等学校风景园林学科专业指导委员会委员,华南农业大学风景园林一级学科负责人,重庆大学兼职教授、博士生导师;中国风景园林学会理事,广东园林学会常务理事、副秘书长、教育与信息专业委员会主任委员;亚洲园林协会新闻宣传与出版工作委员会主任委员;广东省政府实施珠三角规划纲要专家库成员,广州市建设科技委员会副主任,上海市建设交通科技委员会委员,湛江市、佛山市、揭阳市城市规划委员会委员,珠海市政府园林规划战略顾问,《世界园林》期刊副总编,《建筑师》、《风景园林师》、《园林》、《现代园林》、《广东园林》、《住区》、《西部人居环境学刊》期刊编委等。

李敏教授从业30多年来,已在国内外期刊发表论文100多篇,出版专著28部;主要代表作有《中国现代公园——发展与评价》(1987)、《论岭南造园艺术》(1997)、《城市绿地系统与人居环境规划》(1999)、《世纪辉煌粤晖园》(2000)、《现代城市绿地系统规划》(2002)、《园林古韵》(2006)、《华夏园林意匠》(2008)、《神州瑰宝——世界遗产在中国》(2009)、《城市绿地系统规划》(2009)、《社区公园规划设计与建设管理》(2011)、《澳门园林建设与绿地系统规划研究》(2011)、《大一山庄园林艺术》(2012)、《菽庄花园100年》(中文版2013,英文版2014)、《闽南传统园林营造史研究》(2014)、《当代世界著名公园100例》(2015)等。他所主持的规划设计、科学研究及工程项目成果多次获国际、国内专业及科技奖项。

"中国建筑的魅力"系列图书是中国建筑工业出版社协同建筑界知名专家,共同精心策划的全面反映中华民族从古至今璀璨辉煌的建筑文化的一套图书。本书为其中的一分卷。本卷由华南农业大学李敏教授执笔撰写。李敏教授早年师从汪菊渊院士、孟兆祯院士和吴良镛院士,学术造诣深厚,现为华南农业大学风景园林一级学科负责人。

本卷介绍了中国传统园林建筑研究概况与发展简史,从亭、廊、台、榭、厅、堂、轩、馆、楼、阁、斋、室、桥、舫、塔、墙、园路、小品等入手,详细分析中国传统园林建筑的基本特色与建筑形式,通过细腻的文字和200多幅精美图照,向读者展示了中国传统园林建筑的诗意空间。

图书在版编目（CIP）数据

巧夺天工——中国传统园林建筑 / 李敏著．—北京：
中国建筑工业出版社，2016.4
（中国建筑的魅力）
ISBN 978-7-112-19251-9

Ⅰ．①巧… Ⅱ．①李… Ⅲ．①园林建筑－研究－
中国 Ⅳ．①TU986.4

中国版本图书馆CIP数据核字(2016)第059076号

责任编辑：兰丽婷　张振光
摄　　影：李　敏　张振光
技术编辑：李建云　赵子宽
特约美术编辑：苗　洁
整体设计：北京锦绣东方图文设计有限公司
责任校对：陈晶晶　姜小莲

中国建筑的魅力

巧夺天工——中国传统园林建筑

李　敏　著

*

中国建筑工业出版社出版、发行（北京西郊百万庄）
各地新华书店、建筑书店经销
北京锦绣东方图文设计有限公司制版
北京顺诚彩色印刷有限公司印刷

*

开本：880×1230毫米　1/16　印张：14½　字数：316千字
2016年4月第一版　2016年4月第一次印刷
定价：168.00元
ISBN 978-7-112-19251-9
(28415)